上海科技馆全景远眺

上海科技馆建设

主 编
毛小涵
副主编
赵金城
房庆强
段世峰

中国建筑工业出版社

图书在版编目（CIP）数据

上海科技馆建设／毛小涵主编．－北京：中国建筑工业出版社．2003
 ISBN 7-112-05815-5
 I.上… Ⅱ.毛… Ⅲ.①科学技术－展览馆－建筑设计－经验－上海市②科学技术－展览馆－管理－经验－上海市 Ⅳ.TU242.5

中国版本图书馆CIP数据核字(2003)第031970号

编辑委员会名单：

叶可明　邢同和　张福余
邱锡宏　张　铭　李亚明
陈文莱　袁建平　徐　凤
刘晓朝　叶祖典　刘格春
尹　骅　胡顺敏　毛小涵
赵金城　房庆强　段世峰
Ching Hung
David J. Brotman
Grace Cheng
Richard Yuan
Xiaoguang Liu

责任编辑：
韦　然　徐　纺
版面设计：
莫束钧

上海科技馆建设

主　编　毛小涵
副主编　赵金城
　　　　房庆强
　　　　段世峰

中国建筑工业出版社 出版、发行（北京 西郊 百万庄）
新　华　书　店　经销
制版：上海照相制版厂
印刷：上海照相制版厂
督印：秋雨

开本：889×1194mm　1/16开
印张：13　字数：400千字
2003年7月第一版　2003年7月第一次印刷
印数：1—2500册　定价：180.00元
ISBN 7-112-05815-5
TU·5111(11454)

版权所有 翻印必究
如有印装质量问题，可寄本社退还
（邮政编码　100037）

本社网址：http://www.china-abp.com.cn
网上书店：http://www.china-building.com.cn

目录

9　序

12　**第一章　前期工作**
　　第一节　概述
　　第二节　选址与立项
　　第三节　可行性研究
　　第四节　设计任务书

32　**第二章　建筑**
　　第一节　建筑方案征集
　　第二节　建筑设计
　　第三节　建筑室内设计
　　第四节　建筑消防设计
　　第五节　室外灯光设计

94　**第三章　结构与施工**
　　第一节　结构选型
　　第二节　基础工程
　　第三节　预应力工程
　　第四节　风洞试验
　　第五节　单层网壳
　　第六节　屋盖安装

176　**第四章　设备**
　　第一节　给水、排水
　　第二节　电气
　　第三节　冰蓄冷
　　第四节　BACnet/IP技术的应用

204　后记

序
建筑是一个时代的载体

中国文明历史久远。然而较之于拥抱过去，这个国家对于展望未来表现出更高的热情。现代与传统在这里并肩而立，它们之间的动态和张力昭示着传统的价值，同时推动着未来的发展。作为中国发展最快的城市，上海已经成为一个崭新和无畏的国家的最引人注目的象征。

上海的文化、人民与建筑物都随着只有在世界上最伟大地方才能发现的生命和活力一起脉动。今天的上海作为国际商贸、艺术和产业中心已返回世界舞台，与纽约、巴黎或东京一争高下。同时，她又是一个充满悖论的地方，既具有神秘感，又在不断展现新的内容。在快步走入新千年之际，它被包围在自己错综的历史中。

建筑是一个时代的载体。从一开始，上海科技馆就被认作一个象征，在一个特定的背景中积极地应对一系列的矛盾与挑战——过去与未来、自然与人工、智慧的逻辑与奇妙的宇宙。这个科技馆的使命是创造一个开放和互动的场所来教育、启发、刺激和鼓励人们，去获取超越所有实体、社会和心理界限所需要的好奇心、想像力和创造性。这些最终反映在它的设计之中。

建筑设计本身也是一个探索和发现的过程，是一个主观愿望和客观现实相契合的产物，上海科技馆的设计概念来源于对于种种社会和人文因素的思考，对于建筑功能的理解，以及尤其重要的对于建筑基地和环境关系的深入分析。这个建筑是属于一个特定的时间和场所的。在其背后是一个明确而多层次的核心构思。

任何建筑项目都不是一个单一的业绩。这个建筑——它的构思、设计、施工以及日常运营——代表着由许多专业人士所组成的庞大团队的共同成就。他们的努力值得用这个宏伟的建筑作为佐证。

我们非常荣幸能够参与这个具有如此难忘品质和象征意义的重大建筑项目，并有幸同这样一个优秀的专业队伍合作。读完这本书后，请参观这个科技博物馆，一个新的世界在等待您。

Harold L. Adams FAIA, RIBA, JIA
董事长，RTKL国际有限公司
2002.6.20

第一章 前期工作

12 第一节 概述
12 第二节 选址与立项
14 第三节 可行性研究
24 第四节 设计任务书

第一章 前期工作

第一节 概述

上海科技馆（建设时期名为上海科技城）坐落在浦东花木行政文化中心区内，北面通过行政文化中心广场与浦东新区管理委员会办公中心相对，东临浦东中央公园。附近有中央大道及杨高路两条主干道通过，地铁二号线在基地北侧的行政中心广场设站经过。占地面积68000m^2，建筑面积98000m^2，总投资17.5亿元人民币。其建设规模之大、展示内容之广、科技含量之高，都高居历年来上海兴建的社会文化项目之首。

上海科技馆的建设起源于上海自然博物馆的迁建，上海科技馆和上海天文馆的兴建，是上海市经济、社会和文化发展到一定阶段的必然要求，是上海市历届政府和上海市知名专家、学者多年努力的结果。1995年3月，上海市人代会政府工作报告中正式提出了建设上海科技馆的设想，同年10月，上海市科委上报了科技馆项目建议书，1996年3月，上海市计委正式批复同意项目立项，之后相继成立了上海科技馆项目领导小组、专家委员会，上海市科委属下的上海科技城有限公司亦于1997年2月成立，负责项目筹建的具体工作。1997年2月6日，上海市浦东新区综合规划土地局根据上海市科委关于"上海科技城"的选址申请材料，下发了"关于上海科技城选址的通知"，同意建设地块选址于行政文化中心内。同时，刚刚成立不久的上海科技馆有限公司委托上海投资咨询公司实施上海科技馆建筑方案征集工作。5月16日，7家参赛单位分别提交了各自的设计方案。5月21日至24日，召开专家评审会议，评出一等奖1名（日本日建设计公司方案），二等奖1名（美国RTKL设计事务所方案，即最终中选方案），其余皆为3等奖。专家会议将获一、二等奖的两个方案推荐给建设方，建议从中确定最后中选方案，并提出了优化设计意见。8月10日，上海科技城有限公司和上海投资咨询公司再次邀请有关部门负责同志和专家对两家被推荐单位保送的优化方案进行评议，与会专家对两个优化方案发表了各自意见并进行了深入的讨论，提请业主最终审查选定中选方案。1998年6月2日，确定美国RTKL设计事务所设计方案中选，并发出了中选通知书。之后，经过半年多的设计合同谈判，在设计范围、设计费用、现场设计服务、违约责任、付款方式、募集资金等方面达成广泛共识，1998年12月18日，设计合同签订，同日，上海科技馆正式开工打桩，揭开了上海科技馆工程建设崭新的一幕。

作为"九五"期间上海市重大标志性工程，上海科技馆于2001年3月底基本建成，建成后，建设初期的上海科技城定名为上海科技馆。开放后的上海科技馆集展示与教育、科研与交流、收藏与制作、休闲与旅游于一体，是一处将科技性、参与性、趣味性融为一体的综合型科普教育及旅游休闲基地，对于唤起公众的科技意识、环保意识和创新意识，改变人们的生活方式和思维方式，塑造一代人的整体科学素质，塑造上海国际一流大都市的形象，必将发挥重要作用。

第二节 选址与立项

上海科技馆的选址必须综合考虑多方面的因素。首先从功能定位上来讲，上海科技馆将

第一章 前期工作

是一个与上海的经济、社会以及城市地位相适应的综合型科普、旅游基地，具有展示、收藏、研究、旅游等功能。它将成为具有上海特色的标志性文化旅游景点，通过开展国内外科技和科普交流活动、出版学术和科普刊物，扩大上海的影响，充分体现上海国际经济中心城市的地位，强调并突出经济、文化、科技的影响作用。由此上海科技馆基地应该选择在能够体现上海经济文化和城市建设飞速发展，同时突出中国时代发展特征的某一地区，而其文化教育的功能又决定了应选择在文化中心区。

选址考虑的第二个因素是自然地理因素，上海科技馆基地应该具有较好的生态环境和较为优越的地理位置。

考虑的第三个重要因素是城市交通条件，上海是世界上特大的城市之一，市区人口有1300万，其中在校学生有200多万，在沪常住外地人口有300万，全年进出上海的旅客有1亿人次，境外游客有120万人次。上海科技馆的建成开放，必将吸引他们中的一部分人前来参观旅游，估计每年接待游客的人数约200万人次，如此大的人流，还有车流、物流，必须要慎重考虑，充

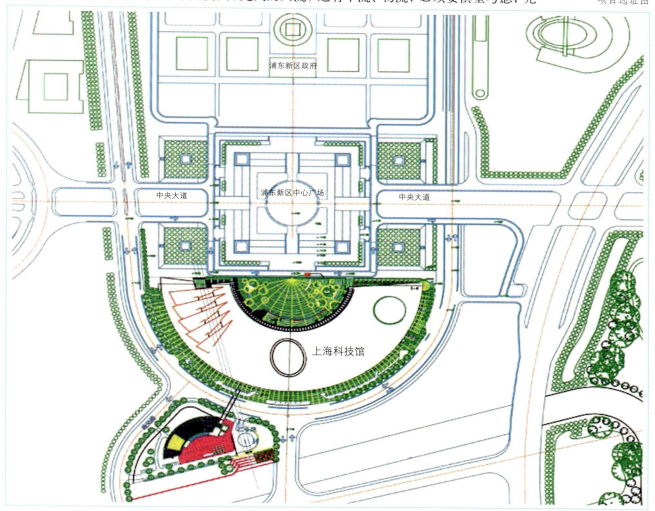

项目选址图

分利用已经建成的和即将建设的公路、铁路、地铁等交通路线,保证其顺捷通畅。

考虑的第四个因素是环境因素,建筑要与环境合为一体。建成后的上海科技馆要与周围的建筑物协调一致,相映成趣。在其他建筑物上从不同的角度看科技馆,都要给人以美感。

浦东新区地处长江入海口西南,濒临东海,气候宜人,生态环境良好。它具有优越的地理位置,与日本隔海相望,北上可以到达韩国,南下可以到达东南亚各国。自从1990年党中央、国务院开发和开放浦东新区以来,上海市在经济、文化等各个方面都取得了迅猛的发展。成为国际经济、金融、贸易中心城市之一。又综合其他各方面的因素,决定选择浦东新区花木分区行政文化中心9号和11号地块作为上海科技馆的基地。该建设基地位于浦东新区中央轴线大道南侧,附近有东方明珠、金茂大厦等著名的建筑,北面通过行政中心广场与浦东新区政府办公楼相对,东临浦东中央公园,周围有中央大道及杨高路两条主干道通过,地铁2号线从基地北侧通过,又加之新辟的浦东国际机场、沪宁、沪杭高速公路的开通,使其交通十分便利。

1995年10月,上海市科委上报了科技馆项目建议书,1996年3月,上海科技城的项目建议书经市计委沪计科(1996)08号文批准,建设由科技馆、天文馆和自然博物馆"三馆合一"的上海科技城,总建筑面积96000m^2。1997年2月6日。上海市浦东新区综合规划土地局根据上海市科委关于"上海科技城"的选址申请材料,下发了"关于上海科技城选址的通知",同意建设地块选址于浦东新区花木分区行政文化中心内,即浦东新区政府大楼正对面,政环路两侧,基地面积约68726m^2。

第三节 可行性研究

早在1998年,上海科技城有限公司就委托上海投资咨询有限公司进行上海科技城建设项目可行性研究,为此,上海投资咨询有限公司就项目的建设地点、建设内容、市场、建筑方案、建设进度、资金来源等各方面进行了分析研究,编制了项目的可行性研究报告。需要指出的是,"报告"中当时涉及到的许多指标和目前建成以后的相比都发生了较大的变化。

一、项目概况

(一) 建设地点与建设内容

1. 建设地点

上海科技馆建设基地位于浦东新区行政文化中心区,北对新区政府大楼,东临中央公园,南临张家浜,西靠杨高路。浦东世纪大道和地铁二号线经过本地块。建设用地由花木分区9号地块及11号地块组成,基地的北侧为行政文化中心广场,东侧是小区的公共停车场及绿化用地,与中央公园相邻,西侧为商业建筑用地,南侧是张家浜。基地总面积是68726m^2。

2. 建设内容

上海科技馆是一座综合性的科技博物馆,设有天地馆、生命馆、智慧馆、创造馆、未来馆,此外还设有临展馆及收藏科研办公楼等辅助功能。上海科技城正面的下沉式广场、周边绿化、停车场由浦东新区负责建设。主要建筑参数详见表1-1。

主要建筑参数指标汇总表　　　　　　　　　　　　　　　　　　　表1-1

主要建筑指标	数　据
基地面积（m^2）	68726
总建筑面积（m^2）	96000
地上建筑面积（m^2）	73532
地下建筑面积（m^2）	22468
建筑占地面积（m^2）	23390
建筑容积率（%）	1.07
建筑密度（%）	34
绿化覆盖率（%）	40
建筑总高度（m）	40
机动车泊位（个）	251
其中：地上	174
地下	77

(二) 项目领导组织与建设单位

为了保证项目的顺利建设，上海市人民政府成立了由左焕琛副市长为组长的上海科技馆项目建设领导小组，成立了由谢希德教授为主任委员的专家委员会。

上海科技馆项目由上海科技城有限公司筹建、运行和管理。上海科技城有限公司是上海科学技术委员会下属的具有独立法人资格的企业。

二、项目的市场研究

(一) 项目的必要性

1. 建设上海科技馆是实施"科教兴市"的重大举措

科学技术是第一生产力，是推动经济、社会发展的第一位变革力量。世界范围内新技术革命的日新月异，促使全球经济社会发展乃至人们生活方式不断发生重大变革。科技竞争，特别是人才竞争，已经成为世界各国竞争的焦点，许多国家都把提高国民的科学文化素质看成是21世纪竞争成功的关键。为适应世界潮流，迎接21世纪的挑战，提高全民科学文化素质已成为当务之急。

迈向21世纪的上海正处在进入新一轮发展的重要历史时刻，要将上海建设成为国际经济、金融、贸易中心城市，关键在于提高全民科学文化素养，特别是提高青少年的科学文化素养，加强一代人的科学意识、创造意识和环保意识。

从历史发展的角度看，上海之所以在今天能够成为全国的经济中心城市，与上海依托科学技术的发展是分不开的，特别是解放后，上海一直是全国基础研究和应用研究的重要基地之一，并成为我国当前科技总体实力雄厚、科学技术先进和具有很大发展潜力的前沿阵地。上海的发展，始终是以科学技术的发展为导向，科学技术将成为21世纪上海成为国际金融、经济、贸易中心的巨大推动力。建设上海科技馆正是为了向全民普及科学、宣传科学，引导人们掌握科学知识、学会用科学的方法思维。只有这样才能使社会、经济、环境协调发展、可持续地发展。

2. 建设上海科技馆是精神文明建设的具体体现

全民科技水平的普及与提高是促进本国科技进步的首要条件，这在大多数发达国家已经成为共识，博物馆、科技中心等已成为大众普及科学的主要场所。如∷美国在1973～1995年间，共有143座科学博物馆和技术中心向大众开放，而其中的46座是在最近的五年内建成开放的。目前，国内已经有许多城市和地区也认识到了科学普及的重要性，北京中国科技馆、天津科技馆、山西煤炭馆、湖北科技馆等一批展览场馆已经相继对公众开放；江西、大连、重庆、广西和吉林的科技馆、博物馆也陆续进入了建设阶段，而北京、天津还正在筹划建设科学类博物馆。

改革开放以来，上海的经济建设取得了举世瞩目的成果。上海的市政建设也实现了一年一个样，三年大变样，同时有一大批文化设施相继落成，如东方明珠电视塔、上海图书馆、上海博物馆、上海书城等，但是上海现有的科普场所仍然不能完全满足公众希望学习科学、获取知识的需要。

现有的上海自然博物馆是1960年开馆的，该馆目前的展示手段仍停留在三十多年前的水平上，不能吸引观众。而且由于场地狭小，还有许多专业性的分馆未建立，例如人类学馆、古生物学馆、地质馆、水族馆等。由于缺乏必要的库房，致使大量的标本无库房收藏而放置露天和走廊，损坏时有发生，更谈不上绿化地、停车场、残疾人参观通道等为观众服务的设施。而天文馆和科技馆，目前上海还是空白。

上海目前没有一座有一定规模的综合性科技类博物馆，这一现状是与国际性大都市的地位很不相称的。上海的市民需要科学普及场所，时代的发展要求有反映当今科技的博物馆，历届市委、市府领导对此事非常重视，促进市民文化素质的提高已成为全市人民的呼声。

人们在建设物质文明的同时，对精神文明的追求与日俱增，集中反映了人们对文化设施的需求，上海科技馆的建设将满足上海市精神文明建设的需要，建设上海科技馆不仅是科教兴国、科教兴市的一项重要措施，而且还反映一个国家、一座城市的文明程度，也是上海作为国际大都市的一个重要标志。

（二）项目的紧迫性

上海市国内生产总值五年来翻了一番，人均国内生产总值按当前的汇率计算，已突破3000美元，在21世纪初全市人均GDP将达到5000美元。按西方国家的发展经验，人均GDP达到5000美元后，人们对文化、教育等方面的需求也将同步增长，为此现在就必须对文化、教育设施实施投入。上海科技馆的建设，正是为了满足21世纪人们对文化、教育设施的需求。

近几年来，上海的旅游业保持稳定、持续、健康发展。一批市政建设成果已经成为上海旅游业发展的重要支柱。作为一个国际大城市的旅游观光，博物馆是必不可少的，而目前上海的自然博物馆、科技博物馆确实已不能满足国内外游客的需求，上海科技馆的建设将对上海的城市旅游作出补充。

2001年秋季，"APEC"会议在上海召开，上海科技馆作为上海发展的一个重要成果，展现在与会各国元首的面前。

三、建设方案设计

本项目设计方案由美国RTKL建筑设计事务所设计。它以"自然、人、科技"为主题，建筑主体以从地面沿弧线依次升起的螺旋上升体为基本形式，意在表达起飞、崛起、前进的意向，体现了科学技术是第一生产力、科教兴国、科教兴市的中心思想，利用高科技的手段，展示现代建筑风范，使建筑与环境合为一体，使建筑与内部展品合为一体，给参观者留下了难以磨灭的印象。

(一) 总体设计

本项目地处浦东新区花木地区9号、11号地块。根据基地条件、建筑造型及功能特征，将科技展示这一公众性最强、内容最为丰富多样的建筑核心部分集中设置在9号地块上的主体建筑内，收藏、科研、会议、培训等内容设置在11号地块内的附属建筑内，两者之间设一曲桥相连，在功能及造型上相辅相成互为补充、呼应，成为一有机整体。

科技馆主体建筑以从地面沿弧线依次升起的螺旋上升体为基本形式。在下沉式广场内，有植被、水体、艺术和科技小品以及环绕四周的商业服务设施，构成了一个多层次、多对象、充满活力的活动空间。

将9号地块内的引水渠保护带作为一个主要室内空间加以重点设计，跨越水渠上方设置了一系列可调整角度的太阳能光电板，可视天气情况开启、关闭，将下部空间围成半室外公共空间。通过地面铺装、绿化、小品等设计，创造出城市广场及步行街的气氛。

在基地南侧张家浜的河岸设置植物园、艺林漫步区、雕塑园，与户外展区有机地结合起来，可作为游客休息的室外空间，突出表现"自然、人、科技"的主题。

考虑到参观者大部来自中心广场地下一层，并经过下沉式广场进入科技馆，因此将面临下沉式广场的主入口设计得较为宽敞。

机动车利用外围道路与人流分开，在主体建筑的南侧设外围道路入口。

在主体建筑南侧设出租车停车场、团体用大客车停车场及自行车停车场。在地下一层的东北角，设置专用停车库，并考虑与未来的公共地下停车场连接。

随着科技馆内容扩展，游客增多可能会造成停车车位不足，作为发展方案之一，建议考虑局部提升张家浜泄洪渠边上的绿地标高，建造大型地下停车场，上面仍保持绿化公园的自然景观。

沿外围道路的建筑物周围，利用林荫树配合低矮的灌木进行绿化，屋顶上也种植绿化，既可使建筑与周围的环境连成一体，又可与东侧相邻的中央公园呼应。

上海科技馆正对面的下沉式广场、周边绿化、停车场等由浦东新区负责建设。

(二) 建筑设计
1. 外形与立面

上海科技馆的主体建筑外形呈螺旋上升体，建筑高度在10~40m之间。上海科技馆主体建筑主要采用金属饰面板、玻璃及轻型通透并具有光泽的材料。建筑屋顶及外墙采用高效能保温材料，建筑中庭北侧玻璃幕墙部分采用高效彩色透明玻璃，在保证高度视觉通透性的同时，最大程度地减少能量消耗。

在建筑底部，主要采用天然石材料，以不同的花岗石饰面及铺砌，配合其他天然材料，表现自然的情趣。

2．结构与垂直交通

上海科技馆主体结构为钢筋混凝土结构，斜面屋顶由金属薄板组成。

基础采用钢管桩等摩擦桩来支持建筑的重量，或在工程勘测后，参照岩土地质的情况再定。

上海科技馆共设10部自动扶梯，供参观者使用。

(三) 展馆设计

科技馆各展馆面积见表1-2、表1-3。

9号地块建筑面积构成表 表 1-2

主要功能	建筑物名称	面积（m²）
展览陈列（9号地块）	门厅／售票	4155
	展馆前厅	8147
	巨幕电影	1079
	球形影院	420
	天地馆	6000
	生命馆	10000
	智慧馆	5200
	创造馆	12000
	未来馆	9000
	临展馆	9000
观众服务（9号地块）	餐饮	3900
	观众服务部	2374
管理用房（9号地块）	行政管理	2976
	保安	707
	机房	4321
收藏	库房	8066
小计		87345

11号地块建筑面积构成表 表 1-3

主要功能	建筑物	面积（m²）
展品科研制作（11号地块）	展品科研、设计	1311
	管理用房	408
会议	会议厅	197
	讲堂	447

续表

主要功能	建筑物	面积（m²）
会议	音像室	345
	多功能厅	696
后勤	食堂	288
配套	机房	3852
	其他	1111
小计		8655
合计	9、11号地块	96000

(四) 给排水

1、给水

本项目的给水系统分为饮用、运行用水、清洗用水和厕所冲洗用水两个独立的系统。饮水、清洗用水采用市政管网中引进、净化并加压供给的方式。在地下一层设蓄水池，并留有适量的消防备用水。

厕所冲洗用水采用收集屋顶雨水净化后加压供给的方式。用水量标准详见表1-4。

用水标准 表1-4

用途	用水标准
参观者	8L/人·次
餐饮	30L/人·次
工作人员	100L/人·次
绿化用水	2L/m²·日
洗车	300L/辆
空调补充水	250m³/h
其他	200m³

本项目总用水量为1160m³/日。

展品展项的用水量采用循环用水，循环系统单独设计。

2、排水

本项目雨水、污水、废水三者分别排放。一部分屋顶雨水可作为厕所冲洗水再度利用，其余雨水通过下水道排向市政雨水管网。污水和废水一起排放到市政污水网。

本项目污水日排放总量为819m³。

(五) 电气设计

1、供电设计

本项目电源采用二路35kVA高压电缆埋地输入，每路供电量为8000kVA，两路共16000kVA。

本项目设两台备用发电机，单机容量分别为1500kW。

2、配电方式

本项目采用35kV高压电缆两路进户,以单母线分段,两段母线之间不设联络开关,平时两路同时供电,当其中一路断电时另一路可承担全部负荷的80%。采用2台环氧浇注干式变压器,规格为35/10kVA,容量为8000kVA/台。其余变电设备清单详见表1-5。

主要电气设备表　　　　　　　　　　　　　　　　　　　　　　　　　　　　表1-5

设备名称	规格		数量（台）
环氧浇注干式变压器	35/10kV	8000kVA/台	2
	10/0.4kVA	1600kVA/台	6
	10/0.4kVA	1250kVA/台	2
	10/0.4kVA	630kVA/台	2
开关柜	35kV		4
	10kV		6
断路器柜	35kV		2
	10kV		18
低压开关柜			88

3、照明设计

本项目照明分为常规照明与特殊照明。

常规照明：建筑物泛光照明、工作照明、装饰照明、应急照明、疏散照明等,以白炽灯为主,力求精益求精,兼顾节能。

特殊照明：对于展品展项的照明,采用自然光与人工光相结合的照明方式,按不同展品展项的具体要求设计光源。

4、缆线敷设方式

干线采用紧密式母线槽及电缆桥架吊装在地下层或专用的井道内,支干线和支线均采用铜芯BV型导线穿金属馆暗敷或明敷。

消防泵、喷淋泵、消防电梯等采用耐火电缆在防火桥架内或专用竖井内敷设。

消防用排风机采用耐热型电缆或导线穿钢管明敷或暗敷。其他电缆采用阻燃型绝缘电缆。

(六) 暖通设计

1、设计参数

室外参数

夏季：夏季空调计算干球温度　　　　　　　　34℃
　　　夏季空调计算湿球温度　　　　　　　　28℃
　　　夏季空调日平均计算干球温度　　　　　34℃
　　　夏季通风计算干球温度　　　　　　　　34℃
　　　风速　　　　　　　　　　　　　　　　3.5m/s
　　　大气压　　　　　　　　　　　　　　　754mmHg
冬季：冬季空调计算干球温度　　　　　　　　-4℃

冬季空调计算相对湿度	73%
冬季通风计算干球温度	3℃
风速	3.3m/s
大气压	769mmHg

室内参数：

夏季温度控制在25～26℃左右，相对湿度控制在65%。

冬季温度控制在16～20℃左右。

藏品室常年温度控制在20±1℃，相对湿度控制在55±5%。

新风标准：各展厅的新风量按国家标准20m³/h.人选取，集中空调系统新风量不小于总风量的10%。

2、冷热源

冷源：采用吸收式冷冻机组，800RT，三台。

热源：采用气油两用锅炉，5t/h，三台。

3、空调、配管方式

空调方式：单风管变风量空调机方式。凉水、热水四管方式。

4、通风

本项目采用机械通风与自然通风相结合的方式，在地下层、厕所采用机械通风，在空间场所采用自然通风。

(七) 弱电设计

1、公共广播系统

各展厅、公共场所、室外等处设有背景音乐。

2、安保监视电视系统

在各展厅的主出入口、公共场所、广场、电梯箱内设置摄像机，监视人员可以通过监视器随时观察到人流的动态，微机中心控制器与报警控制器留有联络接口，报警时自动切换出相应部位的摄像图，并可记录和重放。

3、火灾自动报警系统

在现场设置智能型烟温感探测器，有效范围将覆盖全部展厅、重要机房等，当发生火警时，自动报警、自动联动有关消防、通风设备。

4、电话和计算机通讯系统

本项目设置100门数字式程控交换机一部，电话局提供中继线400门，电话网络和数据网络的总进线采用光纤电缆。

5、公共天线和卫星天线电视系统

在屋顶上设置公共天线和卫星天线、转播自制节目和上海地区闭路电视网。

6、办公自动化与信息管理系统

办公、展厅管理、标本制作等场所及部门，设置多功能电话机、传真机、计算机，并联网建立计算机中心。

7、楼宇自动化系统

以中央处理机为核心与楼宇控制设备系统相结合，如供电、照明、空调、给排水、消防、报警等，通过通讯网络实现分散控制，集中管理的控制系统。

四、建设进度

上海科技馆项目从1998年6月完成可行性研究报告并开始扩初设计、施工图设计等，于2001年5月竣工，建设进度为35个月。

五、项目经济分析

（一）建设投资与资金来源

1. 建设投资

经过估算，上海科技馆项目的建设投资为80000万元（其中用汇3650万美元）。

其中：主要展品展项费用为20000万元，基本建设投资费用为60000万元。详见表1－6。

上海科技馆建设投资估算表中未包括的费用：已发生的土地开发前期费用12006.57万元，其中：8877万元由浦东新区承担，其余的3129.57万元已由市计委给上海科技馆项目专项拨款解决。

上海科技馆建设项目有关水、电、煤气、通讯、排污的增容费、人防建设费共计2193万元，向上海市人民政府申请减免。

展品展项建设费用70000万元通过各种渠道筹措，如国际合作或从海内外得到的捐赠等。

根据上海市人民政府转发国务院关于调整进口设备税收政策通知的通知，上海科技馆建设所需的进口设备，由项目审批机构出具《国家鼓励发展的内外资项目确认书》，具体免税手续由上海海关负责办理。申请外汇额度详见表1－7。

建设投资估算表　　　　　　　　　　　　　　　　　　　　　　　表1-6

序号	项目	金额（万元）	工程量（m²）	估算指标单位	指标	备注
一	基本建设投资					
（一）	建筑安装工程					
1	室外总体工程	384	96000	元/m²	40	
2	土建工程	19200	96000	元/m²	2000	
3	设备安装工程	9600	96000	元/m²	1000	
4	二次精装修	13603	73532	元/m²	1850	
5	智能化系统	8938	96000	元/m²	931	
	小计	51725				
（二）	其他建设费					
1	筹建费	1035				按小计部分2%
2	工程可行性研究	1552				按第一部分3%计
	勘探、设计、审照费	517				
3	工程监理费	5171				按第一部分1%计
4	不可预见费	8275				按第一部分10%计
	小计	60000				
	基本建设投资合计		96000	元/m²	6250	
二	展品展项					
（一）	展品展项费	20000				
	其中：展品展项设计费	3000				
	科研费	500				
	不可预见费	2000				按10%计
	筹建费	600				按3%计
	展品展项合计	20000	96000	元/m²	2083	
	建设投资	80000	96000	元/m²	8333	

上海科技馆进口设备、材料清单及用汇计划　　　　　　　　表1-7

	费用名称	费用（万美元）
一	设计费	300
二	设备费	
1	电梯9部	180
2	自动扶梯10部	250
3	锅炉5TX 3台	40
4	应急发电机2台	30
5	空调设备	300
6	变配电设备	100

续表

	费用名称	费用（万美元）
7	弱电设备	500
三	装饰材料	
1	花岗石	70
2	玻璃幕墙	160
3	灯具	20
4	其他装饰材料	100
四	展项工程	
1	三大影院	800
2	展品电脑网络平台及软件购置	600
3	其他进口展项	200
	合计	3650

2．资金来源

本项目建设投资的来源：浦东发展基金60000万元；漕河泾110亩土地的置换收益20000万元（实际所得不足20000万元，部分由市财力补足）。

(二) 社会效益分析

建成后的上海科技馆所展示的内容与人们的日常生活会非常贴近。它将吸引所有爱好科学的人们去了解、去认识发生在身边的科学现象及自然现象；在它表现形式及技术手段方面也将达到国内外先进的水平，这样更能激发人们去探索、去发现目前尚不为人类所认识的事物。

上海科技馆拥有与之相配套的绿化、停车、餐饮等一系列服务设施，参观者在观看和欣赏展品展项的同时，将得到一流的服务。

上海是世界上特大的城市之一，市区人口有1300万，其中在校学生有200万，在沪常住外地人口有300万，全年进出上海的旅客有1亿人次，境外游客有120万人次。上海科技馆的建成开放，必将吸引他们中的一部分人前来参观游览。经过初步测算，每年约有200万人次前来参观游览。在搞好服务、宣传的基础上，可以保持年10%的展品展项更新率。

第四节　设计任务书

为了配合进行上海科技馆建筑方案的设计征集，早在1997年，上海科技城有限公司就委托上海投资咨询公司编制了上海科技馆建筑设计任务书。随着时间的推移，对项目建设的理解不断深入，建设过程中又对建筑设计不断提出了新的要求，整个建设过程都是一个不断优化、完善的过程。因此，已经建成的上海科技馆相比较与当初设计任务书中的要求已经有了比较大的变化。

一、基本概况

(一) 基地概况

上海科技馆建设基地由浦东新区花木分区9号及11号地块组成，基地的北侧为行政文化中心广场，东侧通过小区公共停车及绿化用地与浦东中央公园相邻，西侧为商业建筑用地，南侧由张家浜相隔是居住区。基地总面积为68726m²，其中：9号地块56150m²，11号地块12756m²。

9号地块位于小区环路（政环路，道路红线宽度为32m）以内，地块的北侧与浦东新区的行政文化中心广场相邻，该广场地面上为步行广场，地下为地下商业街及地铁二号线杨高路车站。按照建设规划中的相关要求，在9号地块临近浦东新区行政文化中心广场一侧的地方必须设计建造一个下沉式的广场，以此与将来的地下商业街，以及地铁车站的出入口实现连接相通。

11号地块则位于9号地块的西南面，中间由一条政环路相隔，地块南临张家浜。

此外，建设基地中有引水渠通过，建筑设计需遵照沪府发（1995)2号《上海市原水引水管渠保护办法》执行。

(二) 工程规模及投资

1. 上海科技馆总建筑面积约为96000m²（含地下建筑面积），预测年游客人数为200万人次。
2. 本工程土建及设备安装投资金额约为6亿元人民币。
3. 自然条件

    A 气象资料

      ① 室外温度：夏季干球温度34℃；湿球温度28.3℃；冬季干球温度－4℃；

      ② 湿度：夏季67%RH；冬季73%RH；

      ③ 主导风向：夏季东南风；冬季西北风；全年为东南风；

      ④ 大气压力：夏季754mmHg；冬季769mmHg；

      ⑤ 降雨情况：降雨强度5.06IL/S；

      ⑥ 降雨历时：5min；

      ⑦ 平均年降雨量：约1100mm。

    B 地质资料：

      ① 按浦东新区地基常规情况考虑；

      ② 地震设防烈度为7度。

(三) 规划技术经济指标

1. 容积率：不大于1.4；
2. 建筑密度：不大于40%；
3. 绿地率：不小于30%；
4. 建筑高度：不高于40m；

5．停车面积：内部设置机动及非机动车停车，部分社会机动车及非机动车停车可考虑利用小区公共停车场；

6．9号地块车辆出入口不少于两个，并做好道路交通组织设计。

(四) 基地及市政设施现状

1．基地在建设工程开始的时候，周围基本上都是农田，地势比较平坦，地面上有少量低层民宅楼房，基地内还有引水渠通过。基地周围的中央大道及政环路规划将随着浦东新区行政文化中心广场、地铁二号线杨高路站，特别是随着上海科技馆的建设展开而得以进一步的具体实施。

2．建设用地周边的中央大道及政环路的市政设施网管尚在规划之中。电力进线考虑二路35kV电源。

二、建筑功能组成

上海科技馆的主要功能内容及其建议建筑面积分配为：
——陈列展览　　　约56000m^2
——藏品及制作　　约18000m^2
——科研学术交流　约8000m^2
——管理服务　　　约14000m^2
总建筑面积控制在96000m^{2}以内。建筑面积计算办法按中国有关规定执行。

(一) 地下部分

包括下沉式广场及以下可能有的内容：

(1) 门厅、展厅及其他公共活动场所；
(2) 藏品库房及藏品研究用房；
(3) 各类设备用房及控制室；
(4) 地下机动车及非机动车停车库；
(5) 其他宜设于地下室的库房及其他用房。

(二) 陈列展览

上海科技馆用作陈列展览建筑面积约为56000m^2，围绕"自然、人、科技"的主题思想，重点表现自然、人类、科技历史的发展线索，展示其过去和现状，以历史的观点再现科学技术发展的过程，并预示科技的未来。展示内容以身临其境、科技体验为环境构思要求，以主动参与科技系统为基本表现手法，以科技网络综合服务为效果强化途径。遵循天体及地球演化、生命起源、生物进化、人类起源与发展、科学知识以及科学技术的发展规律的线索，设置"天地馆"、"生命馆"、"智慧馆"、"创造馆"和"未来馆"以及独立的临时展览馆和户外展区。

鉴于上述原由，有关上海科技馆各个专项陈列和展览馆的基本框架结构的构思考虑和设想如下：

1. 天地馆

"天地馆"建筑面积建议为 7000~9000m^2。在这个展览陈列馆内以展示宇宙天体知识和人类探索宇宙奥秘的奋斗历程、介绍地球的起源、结构和物质组成和现代宇宙航天技术为主。展示主线是从地心到地表，再通过宇航技术的联系到达宇宙太空的垂直走向，让参观者能够切实、生动地感知并体验太空、宇航、地球等现代科学知识及科技最新成就。对建筑有比较特殊要求的展项（品）设想有：太阳塔、射电望远镜、运载火箭等，另设小型天象（球幕）放映厅一座。

2. 生命馆

"生命馆"建筑面积建议为 13000~15000m^2。在这个展览陈列馆内以展示地球上生命起源、演化，生物类群和生态类型，人类起源和人体健康知识以及农业知识为主。展示主线为从生命及人类起源和发展的历史纵面和表现生态环境的横面，让参观者能够感知并体验生命进化、生态环境、人类繁殖与人体知识、现代农业、生命探索等领域的科学知识及科技最新成就。

对建筑有比较特殊要求的展项（品）设想有：反映史前生命的"时间隧道"、恐龙化石标本、展示现代动植物生态环境与物种多样性的大型模拟生态场景（高架温室）、表现农业发展和现代农业的游览水道（温室）等。

3. 智慧馆

"智慧馆"建筑面积建议为 4000~6000m^2。在这个展览陈列馆内以向参观者演示科学基本原理实验和让参观者亲自动手参与科学实验活动为主要手段，让参观者，特别是青少年以形象直观的方式体验数理化、计算机等基础知识，充分认识自然科学基本原理，了解科学发展史，展示宜采用灵活布置方式。

对建筑有比较特殊要求的展项（品）设想有：能量守恒装置（该装置需净空高度约20米）等。

4. 创造馆

"创造馆"建筑面积建议为 11000~13000m^2。在这个展览陈列馆内集中向参观者介绍中华民族对世界科技发展的重大贡献和当今科学技术最新成就，体现中国人民自强不息的奋斗精神，反映人类探索和利用现代科学技术的现状和前景，让参观者了解华夏中华科技史、感知并体验现代科技时代的信息、交通、能源、新材料、环保及防灾等各个方面的科学知识及世界科技新成就。

对建筑有比较特殊要求的展项（品）设想有：各种交通工具实物、结合总体环境布置并作为科技馆交通工具之一的磁悬浮列车、小型低温核反应堆模拟装置等。

5. 未来馆

"未来馆"建筑面积建议为 7000~9000m^2。在这个展览陈列馆内通过现代科技多样化的表现手法，让参观者综合体验现代科技创造的各种不可思议，又充满神奇魅力的感觉，激发人们对科学的探索热情。

对建筑有比较特殊要求的展项（品）设想有：无污染能源和交通工具、智能化住宅、模拟太空飞行器等，另设巨幕影院（兼作立体影院和虚拟影院）一座。

6. 临时展览馆

"临时展览馆"建筑面积建议为8000～10000m², 临时展览馆独立设置,作为基本陈列展示的补充和进行各种专题展示,以强化陈列展览部分,具有及时介绍、体验、集散当今最新科技成就的功能。临时展览馆还可以按照不同展览、不同内容的实际需要作出各种灵活的分割。

户外展区结合展馆内容进行设计,展示上述各馆及其他适宜于户外展示的内容,以满足展示要求,强化展示效果。

(三) 藏品及制作

藏品及制作建筑面积约18000m²,由藏品部分及设计制作中心组成,其中:藏品部分大约需要15000m²,主要是收集、整理、鉴定、保管好各类自然物和人类遗物,由系统标本库房、临时标本库房、寄存标本库房和相关的标本管理、鉴定、养护等用房和一系列相关配套设施组成。

设计制作中心主要是承担标本和展品的整理、修复、制作及维修等工作,由标本制作室、修复室、装架室、展品研制室、维修制作车间等组成。

(四) 科研学术交流

科研学术交流建筑面积约8000m², 由科学研究、资料信息和学术交流组成, 除了满足对内服务的基本功能外, 其社会服务功能应予以充分利用。

科学研究部分主要是鉴定各类标本和进行各类相关研究, 开发研制各类展品。设置动物、植物、地质、古生物、人类、天文、数理化基础学科、科技史、博物馆学、展品开发等专业研究室和相关实验室。

资料信息部分主要是承担各类专业书刊、音像资料的采编、制作、保管、情报信息服务、刊物编辑、广告宣传等工作, 这部分是由图书馆、音像室、编辑室、出版部门及办公用房等组成。

学术交流由多功能报告厅、中小会议厅及培训中心组成。培训中心主要对从业人员与科普工作者进行专业知识与技能的培训, 亦可作为青少年兴趣小组的活动场所, 由教室、实验室、操作室和教师办公室组成。

（五）管理服务

管理服务的建筑面积约为14000m², 由行政管理部门、后勤保障部门及服务部门组成。

行政管理部门包括办公室、电脑管理中心、安保中心等内容。

后勤保障部门由各类机房、锅炉房（燃油或燃气锅炉）、35kV变电站、库房及相关维护、保管和提供服务的用房组成。

服务部分约5000m^2，为观众提供餐饮、购物等各类服务。

三、设计要求

上海科技馆在设计上遵循建设指导思想，推出"自然、人、科技"的展示主题，设计思想先进，方案经济可行，有独特的创意，并尽可能满足在内容上体现科技性，构思上体现科普性，方式上体现参与性，格局上体现娱乐性，手法上体现多样性，社会效益与经济效益统一的要求。除满足基本功能外，还须满足科技馆今后不断发展的展示内容、展示手段和经营管理的要求，使其保持相对永恒的魅力，成为具有独特风格的标志性建筑，达到国际上同类场馆设施的先进水平。

(一) 建筑设计

1．上海科技馆在建筑上应为新颖、协调、合理的群体布局及建筑造型。在建筑形态、建筑材料和设备选用上须反映现代科技馆的特色。也就是说上海科技馆的建筑物、构筑物、建筑设施也应当，并且很自然地成为展品的一部分。室外场地及小品设计应该起到烘托气氛和作为展品补充的作用；上海科技馆的室内装饰要与其展示的内容相符合，同时也要充分表现现代建筑和工艺技术新高度的一系列特点。高度注意建筑节能及环境资源有效利用，考虑无障碍设计。

2．上海科技馆在陈列展览区布局上，各功能区域之间相互穿插、有机联系但又要将有关内容相对集中形成系统，并使其基本功能得以扩展，进而形成科技展示、科技交流、科技影视等诸中心，以利于运行后的经营和管理。基本陈列区的参观路线通顺、灵活，结合展示内容，合理利用并塑造室内外空间。对建筑有比较特殊要求的展项（品）的展厅设计应满足展示要求，一般展厅应满足灵活布展的要求，并给二次设计创造条件。藏品区域和科研区域适当靠拢；行政管理用房相对集中布置。室内外空间组织合理、丰富；地上、地下空间应充分利用。

3．上海科技馆在总体上应该处理好与中央公园的关系，以及张家浜的有效利用，与行政广场、地铁的衔接；在布局上应该解决9号地块与11号地块的有机联系，组织好上海科技馆周边交通及内部通道和人员集散。总体上实现了单体与环境的协调，并且留有一定的发展余地。

(二) 结构设计

1．根据上海市建设委员会和上海市地震局有关规定，工程按7度抗震设防。
2．结构体系技术先进、布局合理、安全经济，与建筑形式完美统一，充分反映当代结构工程技术水平。
3．符合中国设计规范及上海市有关的技术规定。

(三) 设备设计

1．给排水：公共部分设饮用水系统；雨、污、废水分流排放。按展（藏）品不同对象以及不同区域进行消防设计并符合规范要求。

2．电气：以国内电气技术规范为主，参照国外先进国家标准配置供电容量，设置二路电源供电并备有应急电源。采用机电设备监控系统、楼宇自动化管理系统。建筑物采用夜间泛光照明。设置消防报警及控制系统。

3．采暖通风：空调采用集中空调形式为主，对温、湿度有要求的展厅及库房应满足不同的要求；此外，应处理好地下车库、标本制作和处理等场所有毒有害气体的排放。消防设计满足规范要求。

4．热源：煤气或天然气或燃油。

5．弱电：采用智能建筑标准，有完善的安保系统，确保人员及展（藏）品的安全；有完整的通讯网络，采用办公自动化系统。

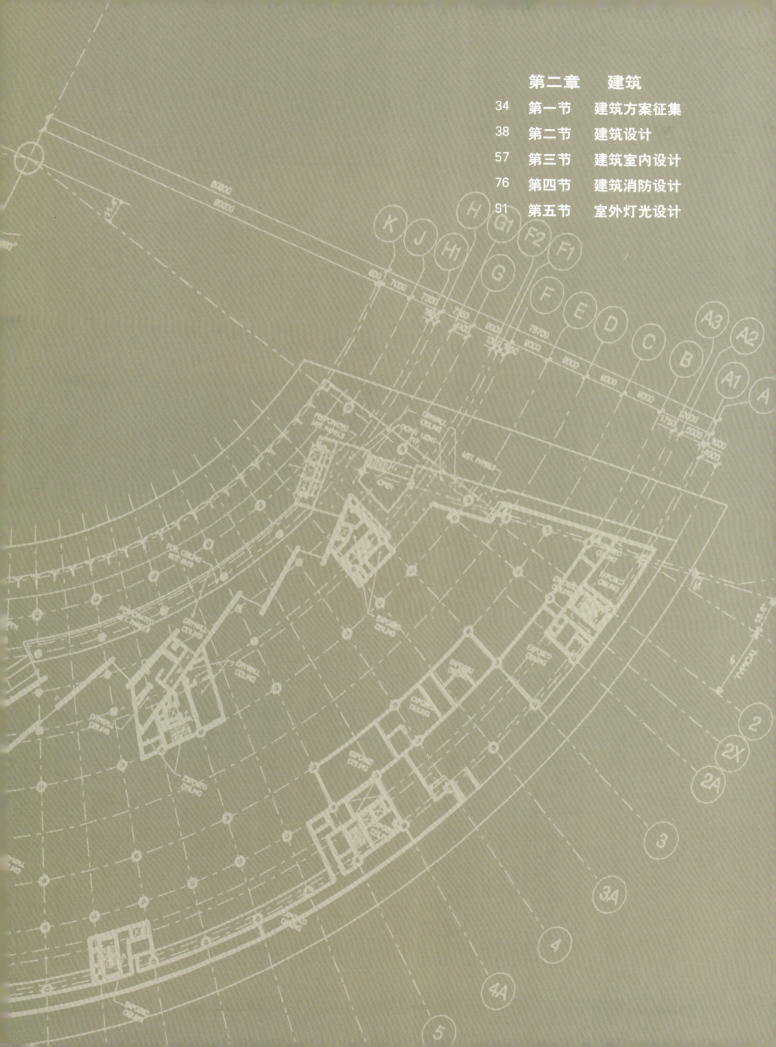

第二章　建筑

- 34　第一节　建筑方案征集
- 38　第二节　建筑设计
- 57　第三节　建筑室内设计
- 76　第四节　建筑消防设计
- 91　第五节　室外灯光设计

第二章　建筑

第一节　建筑方案征集

上海科技馆的建设目标为："世界一流，国内第一"。该建设目标不仅体现在科技馆内容规划与设计方面，而且体现在建筑本身。一个好的建筑方案不仅给参观者留下深刻的第一印象，而且对科技馆各项功能的完美发挥起着至关重要的作用。从各种意义上讲，上海科技馆应建设成上海市标志性建筑。

从建筑学的角度，建筑设计要求建筑师寻求那些美观上合意，功能上适应，空间和平面灵活、有效而不杂乱、拥挤的方案。结构工程师为了达到这些目标也要探讨最合理、经济、有效的结构方案，而机械、电器和环境工程师则要在关心能源预算和保护的同时，致力于创造理想的小气候和周边环境，以便建立一个愉悦的室内外活动空间。

上海科技馆是一座现代的科技博物馆，其建筑设计属现代展览建筑设计范畴。按照联合国教科文组织下属的国际博物馆协会的定义，博物馆为："服务于社会及社会发展，以研究、教育和欣赏有关人类及其环境的物证为目的，加以收集、保管、研究、传述和展览的非赢利的永久性机关"。博物馆建筑设计有其自身的特点，一般由展览陈列、观众服务、行政管理、展品储存、辅助设备等五大部分组成。总体平面布置一般需考虑功能分区、交通组织、环境和景观、扩建的可能等几大因素。展览建筑的内部空间形态（体量、形状、界面等）、展览空间的组织有其规律可循。其外部空间形态多种多样，丰富多彩，为建筑师提供了丰富的创作空间。影响建筑设计外部形态的主要因素为：使用功能、空间组合、技术材料、环境氛围、时代特征。其中使用功能对建筑的内部空间形态起着主导支配作用，外部形态则是内部空间的反映，因此，功能是展览建筑外部空间形态的首要影响因素，也是构成外部空间形态的内在基础。"形式随从功能"曾经是现代建筑运动突破传统学院派建筑形式的最有力的武器，遵循功能，满足使用要求的现代主义原则，仍将是建筑设计的基本法则，虽然在某些方面还不能充分体现。

上海科技馆包含上海自然博物馆、天文馆、科技馆内容。其内容之丰富，功能之齐全，不是为单一的一个馆所涵盖，这给上海科技馆的建筑设计提出了更新、更高的要求。高水平的设计需要一流的设计公司完成，为此，上海科技城有限公司邀请世界上知名的建筑设计公司（设计事务所）参加方案设计竞赛，根据竞赛要求，大多数参赛单位按时提交了设计方案，经过专家评议，一致认为：参赛方案能按照征集文件要求和规划部门选址意见书进行设计，立意新颖并考虑与环境和道路的结合，造型简洁，各具特色。同国际同类建筑相比，气派相同，造型不一。各个方案对建筑物外形的个性，展厅室内外空间的调度与配置，周边环境的协调与和谐，人、车、物流线路的安排，节能、防火、防盗等要素均作了认真考虑。但个别方案在建筑控制范围、控制高度方面与规划要求不尽相符，方案中也还存在不足之处。下面是几个主要参赛方案的简单介绍。

方案一：

该方案造型奇特，与周围环境协调，考虑较全面，布局合理，做到地面地下空间有机贯

方案一：造型奇特、布局合理，地上与地下空间有机贯通，立意新颖

方案二：构思独特、特别是屋顶最上层的设计有利于多种生态系统的展示

通，环境空间、展示空间有序组合；立意新，形成大自然、高科技、展望历史未来相结合，建筑与环境统一，功能与形式高度统一；五个馆完全独立，功能分明但设层不灵活。五个"蛋"有压抑感，有人说像"恐龙蛋"，有人说像"油罐"。90000m² 的建筑有 40000m² 在地下，投资大；且两地块没有有机的联系，施工难度大。

方案二：

展示构思与建筑结构紧密结合，融为一体。陈列构思甚为独特，各学科之间相互交叉渗透，以人为本。屋顶最上层的设计甚为新颖，有利于多种生态系统的展示。底层为自由空间，设置商业步行街有比较好的经营效果。南部留出了较大的空间，可办室外展览，并设置了红屏轩，将两个地块有机地结合在一起。面对地铁广场的立面处理略显单调，而且户外设计扩展已经没有余地。留出南部空间的"反弧形"布局，违反了规划要求的建筑控制线，是致命伤。

方案三：

该方案构思新颖、交通组织合理顺畅，与环境和周围建筑协调。内部展馆布局合理，分区明确，参观线路便捷。建筑造型简洁，富有感染力，将建筑艺术与科学技术有机结合，体现了科技馆的风貌。内部共享空间与展区交融，为大型展件和组织活动提供了多种可能，使游客得到精神上的享受。会议要求方案在内部功能、展馆布局上进一步完善，重视信息系统的作用和藏品保存的技术要求，深化交通组织，扩充车位，对立面的细部还需要作进一步推敲，加强广场的功能开发，优化环境绿化，肯定了高架游览车的设想，可予以保留，是否采用磁悬浮列车技术需要慎重对待。要细化和落实节能、环境保护措施及新技术的应用。在建筑方案修改的同时需同步深化结构设计，要充分考虑钢结构屋面的合理性和经济性。

优化后的该方案，整体气势宏伟，同浦东新区政府大楼及城市广场的轴线严格对称，与总体规划协调，内部空间利用充分，能体现科技的特性。在屋面造型、结构布置、立面处理方面做了改进。

方案四：

该方案以螺旋上升的形体，塑造了一个向上的创意的科技形象，全方位都有一个良好的景观。但方案设计还需要补充完善，对参观的路线组织还需要推敲落实，对展厅内部空间有效利用，保证大件展品展出的可能。

专家认为优化后的该方案个性强，有动感，设计意在体现中国"天人合一"的哲学思想。方案优化后补充了内部的布局和立面图纸。专家对于该方案的体量和在总体规划中不对称布局的实际效果感到较难把握，希望能补充一个包括浦东新区政府的总体模型，以便进一步推敲研究。

方案三：建筑造型简洁，与环境及周围建筑协调，特别是内部布局合理、分区明确，为大型展件和组织活动提供了多种可能

方案四：建筑以一个螺旋向上的外形出现，使建筑本身在全方位都有了一个良好的景观。设计方案的个性和动感都很强

中选方案简介

经过仔细推敲斟酌，业主最终选定了美国PTKL公司设计的方案。该设计方案具有很多优点：设计具有明显的象征意向。设计构思意在表现一种起飞、崛起、前进的意向。建筑主体以从地面沿弧线依次升起的螺旋上升体为基本形式，全部建筑功能覆盖于一片连续的巨型屋顶之下，以此极富升腾、前冲姿态的动态造型，藉巨龙腾飞、雄狮觉醒、鲲鹏展翅、大地崛起等一系列开放性的意象联想，体现科学技术作为第一生产力、科教兴国、科教兴市、促进国家地位与整体实力的提升的中心思想。而体量的特定的方向与轨迹性及造型的片断性，更赋予其由历史与时间相联的现实感与走向未来的历史发展性，而这一发展前进的趋势应当以人与自然的协调生存发展为中心。在建筑前方大量人流集中的地下广场及地铁出口处，以木、石、树木等自然元素组成的休息、集散广场，使这一中心主题在设计上象征性地点明及实现。建筑中央空间为一卵形玻璃大厅，顶部冲出屋面、联向天空，象征着生命的中心位置及其孕育成长。在大厅内，除交通功能的部分之外，同时将以戏剧性的娱乐性空间效果，集中布置大量不同类型及不同历史时代的各种展品，使身在其中的观众在进入到各个展馆前对"人、科技、自然"的主题具有某种综合、宏观、整体的初步感性认识。整体结构不对称，有动感，且与浦东新区行政大楼中间隔着中央广场。功能合理，展览序列合理，入口广场组织合理，空间丰富，可变化。多功能区域相互穿插、有机联系，又将有关内容相对集中形成系统并使其功能得以扩展，进而形成科技展示、科技交流、科技影视等区域性中心。基本陈列区的参观路线通顺、灵活，结合展示内容，合理利用并塑造了室内空间。

主体内部主要公共空间由一卵形中庭与沿下沉广场一侧的纵向共享空间组成。它们不仅作为空间构成的焦点，并兼具交通、集散、活动、休憩、展示等多种复合功能；更是联接、沟通建筑内外，增加建筑公众性、开放性与吸引力的重要手段。其展馆内容安排更是独具匠心，避免了简单化的按学科门类划分，体现了自然科学本身的有机完整性，并使内容更具趣味性及吸引力，使观众得以通过参观，对"人、自然、科技"这一主题具有较为整体、全面、生

经过非常仔细地推敲斟酌，业主最终选定了美国RTKL公司设计的方案。该设计方案具有明显的象征意向，设计构思意在表现一种起飞、崛起、前进的意向，建筑主体以从地面沿弧线依次升起的螺旋上升体为基本形式，全部建筑功能覆盖于一片连续的巨型屋顶之下，以此极富升腾、前冲的联想和寓义，体现科学技术作为第一生产力，促进国家地位与整体实力的提升的中心思想。在建筑前方大量人流集中的地下广场及地铁出口处，以木、石、树木等自然元素组成的休息、集散广场，使这一中心主题在设计上象征性地点明及实现。建筑中央空间为一卵形玻璃大厅，顶部冲出屋面、联向天空，象征着生命的中心位置及其孕育成长。在众多方案中，美国RTKL公司设计的这个方案显然是最可取的

动的理解。为保证这一设想的实现，建筑设计在保证各展馆独立灵活性的同时，着重表现一条意在向观众推荐的，遵循天体及地球演化、生命起源、生物进化、人类起源与发展、科学知识及科学技术的发展规律的参观序列。

第二节 建筑设计

一、整体构思

建筑的方式如人的生存状态一样多样，但不外乎是在特定条件下理性与感性交互作用的结果。当我们尝试在理性基础上去建构诗意形式时，其形式意味的发生与解读总是与特定的人文与时空背景相关联的。

建筑行为无法自外于思想活动。而一个关于科学的建筑本身即是一个值得认真思考的题目。其内容几乎可以向外无限延展，触及到科学与艺术哲学思辩以及社会文化的各个方面。在一个成熟、稳定的文明体系中，设计可以直接在定义确定的参照系中产生意义。然而在一

个发展与变化的社会环境中，价值框架本身尚待确立，问题因此要复杂得多。上海科技馆具有相当的典型性，这一项目的种种特点决定了建筑设计必须自始至终对一些更广泛的问题理解与思考。这些带有明显时间和文化特征的内容最终并不一定以某种建筑形式出现，但直接决定了方案的形成。

观察当代文明的发展，可以看到明显的不平衡现象。文化进步通常是经济发展的产物，但两者之间并不永远是同步的，后者往往可能严重滞后。当我们再考虑到文化的本土特征时，来自发达地区的冲击对于某些处于转型期的文化甚至具有破坏作用。20世纪末以来是中国建筑业的高速发展时期，而对于建筑文化来讲，由于受到整体文化环境的制约，则仍处在一个探索阶段。在这个寻求生存与发展方向的不稳定时期，有意识的探索与多样的形式表达应成为建筑文化非主流但必不可少的时代特征。

建筑作为人类了解、体验及改变生存状态的一种重要和深刻的方式，不仅反映而且直接作用于社会文化心理，这种特殊的互动作用要求建筑设计，特别是公共建筑设计必须是有社会责任意识的行为。城市环境的整体意象反映了总体的生存状态，而对现状的突破与超越往往是由局部所带动的。在我们周围因出于习惯、便利和功利考虑累聚而成的惯性环境里，需要有能够挑战日常规范、拒绝平庸现实、扩展精神空间的场所。这种不断寻求自身突破的欲望，是与现代科学发展同步的。

以现代科技为依托的现代生产力以加速度方式推动了人类物质文明前所未有的突飞猛进，形成了20世纪最壮观的景象。从文明发展的历史趋势看，科学理性精神的张扬与普及是所有寻求发展的国家的必由之路。与此同时我们必须注意到历史与社会文化所造成的差异性。

现代科学源自西方，带有明显的西方文明的特征。在其占统治地位的情况下，来自其他文明的科学传统的存在价值和意义以及未来的发展成为潜在的重大课题。而目前至少从学术角度尚不具有简单与现成的答案。

由于建筑项目的所在地点，问题的角度自然被转到中国的传统科学文化。概括来看，中国传统思维方式与西方的重要区别表现为其整体性和形象化。有学者以形象整体思维对其予以描述，进而认为古代中国科技文化的发展及发达均有赖于整体方法论与形象整体思维的指导，诸如汉字的创立及众多首创发明。东西方对于事物的观察和思维方式是不同的，形象整体思维与逻辑思维具有同样的科学性。相对于逻辑思维线性的、推理的、分析的特征，形象整体思维则是宏观的，感性的和形象化的。从许多现代新兴学科中我们都能发现这一思维方式的影响。对于这一问题的研究具有超出中国科学与文化，包括建筑文化的自身范畴的深远意义。对此，西方学者早已有所发现，而中国学术界对其也日益关注。正因为尚存许多未知，对话与交流显得尤为重要。一个具有全面代表性的当代中国科学教育建筑不能不对这一根本性的内容有所涉及。

作为上海科技馆的设计主题："人、科技、自然"强调的不仅是各元素的独立存在，更重要的是其间的相互关系，其中反映了对现代文明发展的反思，以及和谐发展的愿望。

建立在对立关系上的发展导致了环境的恶化，进而危及到人的自身存在。但是这个世界需要的是动态的平衡与和谐，任何回归的诉求只有在文明发展过程的更高层次实现才有积极意义。世界处于永远的运动变化之中，作为其中一分子，人生的意义也是在上下求索中实现的。正是基于这种宏观的领悟，中国古人才会发出："天行健，君子自强不息"这样的宇宙强音。这与西方观念中消极而标本化的古代中国文化有本质区别,同时也是应当属于现代中国文明的。而建筑设计的主要立意即由此产生。

建筑物化了人的存在状态,同时也具有了其存在特征。如同人的个体或集体,虽然建筑处在多向度的有形与无形元素包围与限定之中,但并不完全是被动与服从的,仍可选择并具有其主体意志。有目的性的选择应建立在对于所有内,外在因素的综合了解与判断基础上。

二、总平面设计

与抽象的政治、社会、文化等因素相比,基地因素对建筑形式的生成具有更为直接的作用。几乎可以说,基地环境中包含有决定建筑构成的所有重要的条件与提示。发掘基地环境的各种显性与隐性的因素是设计的先决条件,有时甚至就是设计本身。从某种意义上讲,与其说设计者在发明形式,不如说在发现形式。也是在这个意义上,建筑与环境建立起最初的血缘联系。

基址的选择在很大程度上决定了一个城市公共建筑的重要性与成功的机会。上海科技馆位于浦东世纪大道尽端的花木行政中心,与行政中心大楼构成与世纪大道轴线相垂直的另一中轴,成为行政中心对称式构图的中心。处在两者之间的轴线交点上的是规整的行政中心广场。始自陆家嘴中心区的世纪大道在此达到端点的城市空间高潮,随后延展并融入世纪公园开阔的自然空间中。这一与行政机关相对,而又处于人工秩序与自然环境过渡点的象征性位

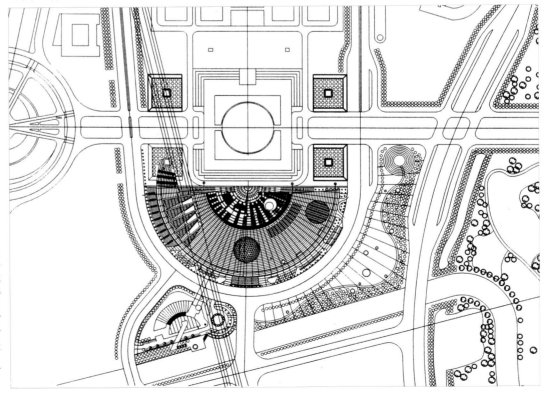

从这幅上海科技馆的总平面图中可以清晰地看到主基地呈半环形,环绕着一个同心的半圆形下沉广场。规划设计的意图显然希望把科技馆建筑纳入行政中心的对称轴线构图。从整体关系和社会心理角度考虑,维持轴线对应关系确有其必要性

上海科技馆的基址选择非常重要。它位于浦东世纪大道尽端的花木行政中心，与行政中心大楼构成与世纪大道轴线相垂直的另一中轴，成为行政中心对称式构图的中心。处在两者之间的轴线交点上的是规整的行政中心广场。始自陆家嘴中心区的世纪大道在此达到端点的城市空间高潮，随后延展并融入世纪公园开阔的自然空间中。这一与行政机关相对，而又处于人工秩序与自然环境过渡点的象征性位置更加凸显了"人、科技、自然"这样一个重要的主题

置不仅凸显了这一项目的重要性，同时也为"人、科技、自然"的主题做了有利的铺垫。

科技馆的主基地呈半环形，环绕着一个同心的半圆形下沉广场。规划设计的意图显然希望把科技馆建筑纳入行政中心的对称轴线构图。从整体关系和社会心理角度考虑，维持轴线对应关系确有其必要性，但进一步分析表明，对称的设计从内容和形式上都和项目性质及基地环境条件具有潜在的矛盾。

首先，从上海科技馆的产生过程与定位来看，它是由上海自然博物馆、天文馆等多个现有科学博览教育机构合并发展而来，并被赋予全新的内容，成为以现代科学中心功能为主，同时兼具传统博物馆机能的全新设施。

科学中心是近年来大量出现在西方工业发达国家，从传统博物馆建筑衍生出来的一种建筑类型。传统博物馆的主要功能在于学术性的展示、收藏和研究，通常代表了一个国家或地区的科学水准和实力。因应现代生产方式要求的科学知识社会化和大众化趋势，博物馆也在以多种形式尝试走出象牙塔，增强其公众参与程度。与此相比，现代科学中心则具有彻底的开放性和公众意识。它主要面向青少年人群，借助观众的参与和互动进行科学知识和精神的普及教育，是一个制造好奇心、刺激想像力、鼓励创造和探索的场所。这个用以传播科学规律和原理的充满动能和活力的场所，显然是难以被规范和表现在一个代表人为规则和秩序的形式内的。

另一方面，从世纪大道与花木行政中心周围的实际空间关系看，在这块基地上建立一个轴线对称的体量也值得商榷。或许是出于营造宏伟效果的意图，行政中心广场空间的绝对尺度远超出一般的城市空间，同时也带来许多类似空间的常见缺憾，缺少肯定的边界和必要的围合感。围绕广场中心建造的围堰式结构制造了一个内向的空间，并未解决问题，反而摒除

了周围建筑空间的参与。撇开具体的设计形式不论，行政中心大楼组群因自身的规模和背后连续的城市街区，尚处于自成一体的稳定状态；而科技馆位于一块孤立的基地，背后没有依托，以其相对低矮的体量，若采用对称的形式，除了确定其行政中心对照体的作用外，并无补于整体空间，反而将因强烈的自我中心感而忽视位于左右的世纪大道和世纪公园这两个重要的环境因素，从而更突出其孤立感。

最后，我们必须考虑基地本身存在的一个特殊条件：一条城市原水渠斜向穿过基地西侧，形成一条30m宽的禁止建造的保护带，将基地一分为二。如果说前面的讨论仍带有某种主观性，那么这条保护带的存在则从实质上瓦解了基地人为赋予的对称形态。

针对多种内外因素对建筑形态提出的矛盾性要求，设计者的选择在于：是以明确甚或极端的方式坚持一种纯粹的形式，还是在现实矛盾中寻求可能的理想结果。基于对现实状况的矛盾性、复杂性和不确定性，以及项目自身内涵的理性认识，我们更倾向于后者，从中也可以看到传统中国思想的影子。

充分的理性分析是设计构思的必要准备和有机过程，而从中得到的种种复杂甚至矛盾的条件因素则往往成为诱发灵感的契机，进而导致形式的生成。从形式运作的规律看，对复杂的问题的简明解答往往更具有本质性。我们希望最终的结果是一个简明的矛盾统一体。

最先的形式产物是一段螺旋上升的空间曲线。它包括了我们所需要的一系列重要而积极的形态特征：

直接形象化了人类文明以螺旋上升曲线衍进的概念。

以一个任意的截取片段表现连续的过程，借有限的形式传达无限的意念。

无终极点的连续超越与进取状态。

无需修饰的动感和张力与科学行为具有内在联系。

可被感知的轨迹暗示理性规律的存在与可把握性。

围绕圆心的运动方式使其仍不脱离某种指导性中心。

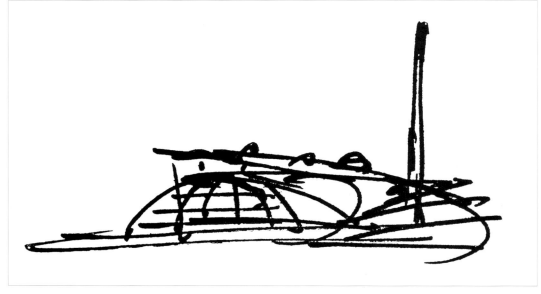

有关上海科技馆建筑造型，最先的形式产物是一段螺旋上升的空间曲线。它包括了我们所需要的一系列重要而积极的形态特征

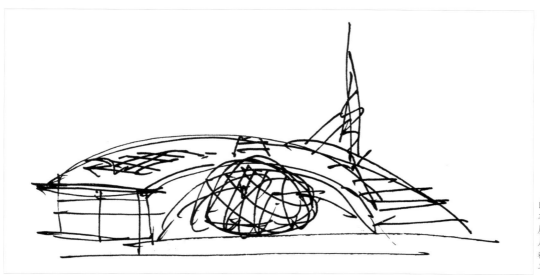

曲线在这里已具有非常丰富的内涵，无论是从历史、哲学的角度，还是从美学、科学的角度，它都有着一种动态的瞬时平衡与和谐

建筑师们在弧形上升的曲线造型基础上设想引入一个圆形的比照体，这就是最初在基地的圆心点位置设置了一个大型球体结构。象征性地表现一个原始、混沌而完整的宇宙概念，并将其明确置于运动坐标系中心。对于这一概念的再检讨及其具体的功能考虑，导致这一位置的不断修正，最终使其脱离圆心，沿轴线后退而切入螺旋体之中，演化为建筑的核心空间

由其生成的建筑体量具有方向明确的飞翔、升腾和崛起感，与以科学技术为第一生产力、驱动社会进步发展的诉求相吻合。

由地面升起的人造体量处于一种源自自然，而又欲挣脱的状态，形成一种动态的瞬时平衡与和谐。

同时，西低东高的建筑体量成为因原水渠保护带而造成基地建筑容量东西不平衡状态的自然反应。

从环境关系看，不对称的体量可兼顾左右。由西侧渐次升起的建筑和缓地接纳了世纪大

道带来的线性空间，并将其带入高潮；同时，东侧的制高点将世纪大道、中央广场以及世纪公园的景致一览无余地收集在一起。

这个开放的基本形涵盖了设计概念的一个主要方面，但非矛盾体的全部。在此基础之上为进一步建立中心、整体、定位等对比性概念，我们设想引入一个圆形的比照体。

最初，在基地的圆心点位置设置了一个大型球体结构。象征性地表现一个原始、混沌而完整的宇宙概念，并将其明确置于运动坐标系中心。对于这一概念的再检讨及其具体的功能考虑导致这一位置的不断修正，最终使其脱离圆心，沿轴线后退而切入螺旋体之中，演化为建筑的核心空间。

这一巨大的空间以悬浮的透明椭球体的形式出现在建筑中部，与其他部分仅保持必要的内部功能联系。椭球体与螺旋体之间存在一种不确定的并置关系，各自在对方中寻找结合点，表现出不同体系间的共存状态。

椭球体中心点设定在行政中心中轴线上，与整体规划保持局部而关键的对应联系。但其长轴偏离这一人为秩序，而与地球南北自然轴线重合。

巨大而通透的椭球形表现出强大而开放的容纳与接受能力。其自身虽有几何规律，但与简明的圆球体相比，空间形态特征因难以被理性捕捉和知觉而显得混沌而不确定。这个特定形式藉以传达的是整体、概括而包容的理念。

椭球体的内部装置拓展升华了空间的意义。悬浮在空间中心的一个小球体与外层包覆结构一起构成清晰的卵状结构，以形象化的生命的孕育状态引入有机体的重要概念，并象征性地将生命置于宇宙概念的核心。科技馆培育未来人才，催生新兴科技的期望与机能也悄然表露在这个有机的"孵化"形式中。

两种迥异的形式特征代表了不同的理念和世界观，其对立的存在与表现构成了建筑的矛盾体。对这一基本矛盾的态度决定了建筑元素之间的形式关系。尽管目前尚不具备充分的理论和实践条件，我们仍愿抱持理想与乐观的观点，探索避免破坏性冲突，从简单的互补性中发展出更高层次的更具建设和指导性的统一体系的可能性。两种形式间间接而不稳定的共生状态预示和期待着变化。

建筑设计的核心在于体验的营造。建筑理念只有通过转化为体验才能真实地被传达和感知。设计过程即是经由功能元素建构空间与形式体验的过程。对建筑机能合理性的评价存在客观的标准，但只有在包括了主观体验的因素时才是完整的。

建筑体验是整体与全方位的。建筑与环境的关系通常是建筑体验的起点。

城市公共建筑的社会化往往表现为环境与建筑的最大程度的融合与交流，其作用是双向的：环境的完整连续性可以发挥同化作用将建筑纳入城市；而建筑的设计理念也是可以影响并且控制环境，使其成为建筑体验的延伸与补充，从而把设计理念最大程度地辐射到城市的环境中去。

上海科技馆占据的空间有限，而通过与环境的相互作用达到无形的扩张效果。

科技馆主体外围为公共广场及城市道路所环绕，建筑各向虽具有不同的环境条件和形式特征，但没有必然的前后与主次分别。

建筑南侧为城市干道政环路环绕，为主要机动车接近面。围绕建筑的带状空间不产生径向纵深感，而强调沿弧线运动的连续与速度感。中部的机动车到达广场则带有

建筑师让这一巨大的空间以悬浮的透明椭球体的形式出现在建筑中部，巨大而通透的椭球形表现出强大而开放的容纳与接受能力，悬浮在空间中心的一个小球体与外层包覆结构一起构成清晰的卵状结构，以形象化的生命的孕育状态引入有机体的重要概念，并象征性地将生命置于宇宙概念的核心

最初，建筑师在基地的圆心点位置设置了一个大型球体结构，象征性地表现一个原始、混沌而完整的宇宙概念，并将其明确置于运动坐标系中心。对于这一概念的再检讨及其具体的功能考虑导致这一位置的不断修正，最终使其脱离圆心，沿轴线后退而切入螺旋体之中，演化为建筑的核心空间

在建筑师设想中，一个巨大、通透的椭圆形球体就应当是这样悬浮着的

科技馆由西侧渐次升起的建筑，是一个开放的基本形。表达了设计概念的一个重大主题，为了诠释与其相应的对比性概念，需要建立一个中心，于是建筑师设想引入一个圆形的比照体。在基地的圆心点位置设置了一个大型球体结构

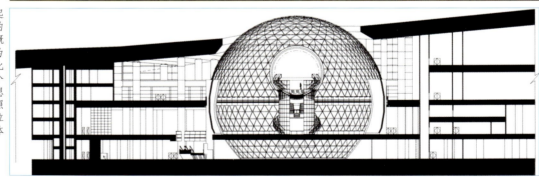

上海科技馆占据的空间有限，而通过与环境的相互作用达到无形的扩张效果。建筑主体外围为公共广场及城市道路所环绕，建筑各向虽具有不同的环境条件和形式特征，但没有必然的前后与主次分别

相对稳定庄重的气氛。

建筑北侧为连续的公共步行空间，依次为建筑所环抱的半圆形下沉广场及前方的行政中心广场，并继续向左右两侧的城市和公园延伸。空间环境性格沿轴线渐次变化。从行政中心广场静态和中性的开放空间，受建筑环境的影响，在下沉广场转变为带有特定的动感和张力的从属性空间。下沉广场作为主要人流集散场地，把行政中心广场下的地铁车站与建筑北侧人行入口同层相联，同时通过两侧多种形式的坡道、台阶等在建筑与环境之间建立起自然连续的动态过渡，也因此成为建筑体验的一个重要的起始场所。参观者可以经过多种可能的途径接近建筑的中心。然而，不同的角度与路径提供的发现与体验经历是不相重复的，类似于一种探索的经历。

建筑内外空间存在明显的界限，而建筑体验则是一个连续的过程，并随内部功能的展开而触及设计构思的核心内容。

三、平面设计

如前面所述，上海科技馆具有展示、收藏、制作、科研、交流、管理等多重功能，对外功能集中在主体建筑内，内部机构则设在南侧一路之隔的附属建筑内，二者之间以一天桥相联。

展示及观众活动部分为主体建筑的主要内容，包括天地、生命、智能、创造、未来等具有某种内部逻辑联系的五大展馆，以及临时展馆、多功能厅、巨幕影院、球幕影院、热带雨林、科技主题商店、观众餐厅、休息厅等。

建筑内容根据基地容量不均衡的特征分为三段：影院和雨林等永久设施设于基地西侧原水区保护带两侧，同时利用保护带空间形成一条宽阔的半室外化的休闲长廊；中段为以椭球形大厅为主的入口及中央空间；所有内容相关的主题展厅则依次分层设于体量较高的东侧。最

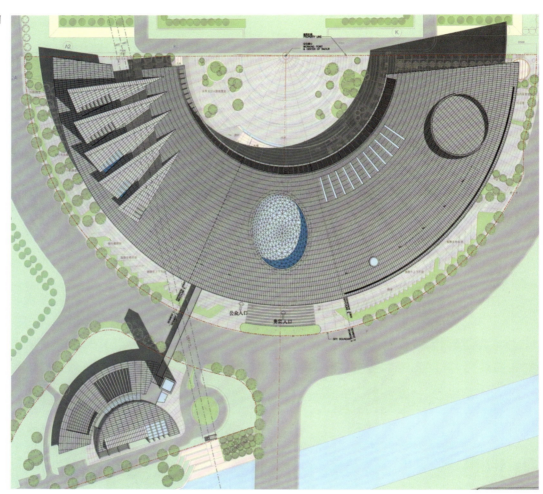

平面图

上部设多功能厅以及可以俯瞰全景的室外平台。三个段落各有功能与主题侧重，并呼应"人、科技、自然"的主题，串联构成由原始自然、宇宙生命起源到现代科学探索的发展轨迹。

建筑形式与内部空间互为表里，共同表达一个概念。对应于建筑外部的基本形式表现，中央椭球大厅与贯穿建筑的公共空间构成点线两种相互作用的基本内部空间形式，提供两种完全不同的空间经历。

前面论述过椭球大厅设计的基本构思。这一不具特定功能的象征性空间占据空间构图的中心，是建筑入口的最显著标志。但是除经过特殊场合专用入口外，这一空间并不能由外部直接到达。南北错层的两个主要入口均开设在球体一侧的过渡体量上。参观公众需经过室内一段相对封闭、曲折，甚至需要攀登的历程才能到达这个充满自然光线、尺度超常的特殊空间。这一过程综合考虑了售票管理的需要，空间变化的效果及涵义。

建筑中部的这个空间打断了东西两侧线性空间的连绵状态，成为空间序列的停顿与休止。

建筑西侧部分的主题是自然景观和自然元素。公共空间的形式是由原水区保护带的存在所决定的。这条直接影响建筑形态而又不可见的地下水渠实际上也是一个可以利用的客观存在。水景以其特有的既抽象而又情绪化的魅力与建筑环境结下渊源。在一个有关自然、科技和生命的建筑里,缺少水的表现应算是一种遗憾。在外部环境中,尽管由于基地及技术原因限制了水景的大量运用,我们仍在靠近椭球大厅处结合其生命主题配置了一组动静结合的水景。我们同时设想在原水渠所在位置,以一系列有关水的动态及固态形式的环境装置表现这一作为生命之源的自然元素。

作为一个整体序列的起步阶段,这个空间有其自身的生成逻辑,使其有别于后期的整体空间形态。从设计过程看,这个半室外化的空间的定义本身自始至终都是一个不断被重新界定的变量。从早期设想的太阳能活动屋盖到后来的固定天窗,这个空间的覆盖与连接形式可能是这个项目设计从概念到实施方案阶段变化最明显的部位。

在这个阶段的末尾,空间经过调整和转折,主体序列开始启步,但旋即进入中央大厅。作为下一段经历的起始点和回归点,这个另类的场合既是事前的准备与参照,也是之后的总结与再思考。

东段是建筑螺旋上升体量的最高部分,也是建筑内容最为集中,空间最为活跃的地方。这个能量充沛的积极空间表现的是与椭球大厅的核心空间完全不同的意念。

内部展厅呈阶梯状依次排布在四个楼层内。公共空间集中在靠下沉广场一侧。通高而狭长空间因内部体量的迭起而被连续压缩高度。随着空间进深的增加,楼面与螺旋上升的屋顶底面不断接近。重叠的各层平台的弧线边缘重复勾画出空间的线性特征。一系列锯齿形排列的独立墙体单元依特定的几何规律定位在各层空间,把各展厅与公共空间区隔开来,表现出以个体片段的连续叠加,累积而构成整体的意象。连续跨越10m层高的三组扶梯将梯形空间串联为连续的攀升经历。一排条状天窗将天光引入内部空间,引导向上的路程。由于视角的作用,站在底层的参观者可以感到空间攀升的韵律,但无法窥见顶部的终点。随着楼层的升高,空间的体验渐趋强化,科技展示的内容逐项展开,登高远眺的视角也更加广阔,这一切

在科技馆的建设中,由于基地及技术原因限制了水景的大量运用,建筑师们还是在靠近椭球大厅处结合其生命主题配置了一组动静结合的水景。希望在原水渠所在位置,以一系列有关水的动态及固态形式的环境装置表现这一作为生命之源的自然元素。

建筑内连续跨越10m层高的三组扶梯的示意图

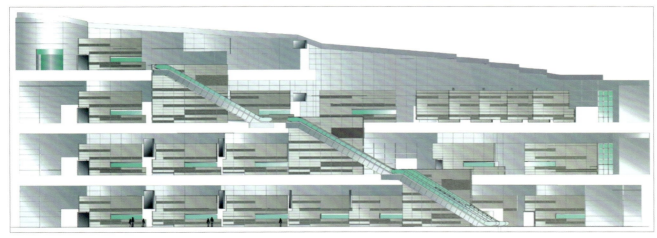

都随着向上行进的过程动态地展开。

　　室内公共空间以及展项布置对参观路径具有建议和导向作用,但不具强制性。参观者可以自己决定"探索"程序和范围,组成特有的经历。

　　这个空间具有明显的方向性,但无特定目标作为序列的终点,意在强调探索的意义重在执着的过程而非可预见的结果。

　　"路漫漫兮其修远,吾将上下而求索"。这句常被引用形容真理探索历程的古诗的意境及其社会化的特定含义启发了设计形式,同时也是所希望创造的建筑体验的最好说明。

　　空间因限定而生成,界面本身的实体形式和材质是完成建筑体验不可或缺的组成部分。针对项目的主题和设计构思,内部设计的基本表面处理避免不必要的装饰细节,而把注意力引向整体,突出展览内容。同时适当放大尺度,提供一种超出日常经验的感受。表面装饰以中性色调为主,采用天然材料与人造产品的对比结合。除局部特殊部位外,材料选择的普遍原则是基本、朴素与真实,避免使用成分难辨的合成制品以及对材料的深度加工,以保持其基本的质感特征。复杂的内部公共空间表面由天然石材、玻璃、铝板、石膏板等少数基本材料按连续而简单的规律组合而成。

　　建筑空间体验传达了建筑设计的核心理念,但并不是脱离外在表现形式而独立发生的。建筑的外在形式来自同样的设计概念,其视觉性的特征并不因空间的重要意义而降低价值,而从传播意义上讲更具有公共性。

　　螺旋上升体与椭球体共同构成了建筑的基本形。一动一静的两极之间并不存在恒定的关系。运动是绝对的,而所谓静止则是相对的,存在恒常的外表下的不过是一种与对立面不同的运动状态。

　　处于"人、科技、自然"主题的中心位置的动态世界观直接导致了建筑的整体意象。

　　建筑要留给人的第一个印象是动态的整体气势与力度。主体建筑最显著的外部特征是盘旋上升的巨型屋盖。在其带动下,建筑呈现强烈的动感。这种动感表现的不是轻盈与飘逸,而是抵御重力,执着推进的勇气和冲击力。

　　外包铝板的屋面覆盖了整个建筑,也概括了它的主要理念。屋面由西向东,由原水渠上方

巨大的外包铝板的屋面覆盖了整个建筑,也概括了它的主要理念。屋面由西向东,由原水渠上方的自然分裂状态逐渐找到规律,聚合成广阔的连续表面。形式的震撼力源自其超常的规模,并因表面处理和尺度效果而强化

的自然分裂状态逐渐找到规律，聚合成广阔的连续表面。形式的震撼力源自其超常的规模，并因表面处理和尺度效果而强化。为达到表面效果最大程度的纯粹性，设备系统进行了相应设计，避免了突出与暴露物。除了为屋面带来一些微妙而有规律的变化的屋面天窗和排水沟，以及局部的开口和凸起外，屋顶的金属表面呈现匀质平滑的视觉特征，在变幻的光环境中弱化了真实的尺度和实体感，同时产生心理的速度感，成为一个加速切入空间的巨大界面。

主体建筑最显著的外部特征是盘旋上升的巨型屋盖。在其带动下，建筑呈现强烈的动感。这种动感表现的不是轻盈与飘逸，而是抵御重力，执着推进的勇气和冲击力。建筑师想以此留给人的第一个印象是动态的整体气势与力度

　　屋顶形式同时在径向产生运动。其剖面采用由内向外厚度渐宽的变截面设计，同时略向内下倾，以离心力的表现形式强化建筑的旋转意象并提示中心的存在。屋顶造型由这个基本剖面轮廓沿螺旋曲线的连续运动构成。屋顶在两端被截断的方式略带某种突兀与随意性，意在以一段被任意截取的片段的意象表现其所从属的一个完整的不间断进程。

　　径向坡度与螺旋曲线的共同作用使屋顶成为连续变化的扭曲面，在增强刚性和力度的同时，其自身几何规律的独特性也在加强，而使其他元素与其共存及对话更为困难和复杂。

　　跨越原水渠的一系列三角翼形结构，为下面的空间提供稳定的北向天光，同时将被分裂的屋面重新整合。但是曲直叠交的多重空间几何关系使其成为整个项目中定位最为复杂的区域之一。

　　屋盖上下两面视觉感受既连续而又对比。与顶面欲融入天空的非物质感相比，下部由于

侧面的厚度变化而感到重量的存在，表现出一个事物理想与现实的两个方面。同时由于对重力和质量概念的表现，使挣脱和发展不再停留在一个抽象的概念，而演变为对一种巨大努力的形象感受。把对运动形式的理解上升为对各种力量相

建筑的径向坡度与螺旋曲线的共同作用使屋顶成为连续变化的扭曲面，在增强刚性和力度的同时，其自身几何规律的独特性也在加强，而使其他元素与其共存及对话更为困难和复杂。为此，建筑师设计了跨越原水渠的一系列三角翼形结构，为下面的空间提供稳定的北向天光，同时将被分裂的屋面重新整合。但是曲直叠交的多重空间几何关系使其成为整个项目中定位最为复杂的区域之一

科技馆西南侧外墙由一系列锯齿形排列的石墙片段构成，表面较少细节，体量坚实但排布结构松散。在建筑东侧则衍化为一片展开的连续弧形外墙

互作用结果的认知是这个设计要达到的一个重要目的。

四、立面设计

屋顶与地面的关系是建筑立面设计的主要内容。相应与环境及建筑内部功能特点，主体建筑南北立面呈现完全不同的形式特征。

建筑南侧集中了展馆内部辅助设施，除中心大厅及入口附近位置外，立面较为封闭，主要由天然石材、铝板及少量玻璃等基本材料构成。基本规律是由石墙构成建筑底部，在其与屋顶之间分别以铝板及玻璃作为过渡。自下而上形成由自然向人工，由恒常到变幻的发展趋势。这种相互依存的竖向关系随着由西向东的整体运动趋势而渐行渐弱，直至在表现运动高潮的尽端处解体。

作为南立面主体的石墙由表面粗糙的天然石材构成，为动感的建筑带来可触及的稳固与实体感。为与周围建筑环境的灰色基调协调而又不失沉闷，在多种材料中选择采用了产自南美的一种灰色花岗石，其独特的中性温暖色调及颗粒特征使建筑外表在稳重中隐含生机。经过两种不同表面处理的石材在立面上以水平带状随机排列，产生地层错动和叠起的感觉。在此基础之上，根据位置的变化和功能需要随机加入更多的细部层次，使立面在整体的粗旷中不失近人的细微表情。

较低的西南侧外墙由一系列锯齿形排列的石墙片段构成，表面较少细节，体量坚实但排布结构松散。在建筑东侧则衍化为一片展开的连续弧形外墙。由两种石材肌理构成的表面开始加入多种质感的玻璃及金属百叶等变化，并更具连贯和方向性，引导视线加速掠过表面，形成与起伏顿挫的西侧完全不同的形式节奏和速度感。立面上的变化和屋顶的形式衍进是同步的，共同表现出事物从成长起步到成熟发展的过程。

与南立面相比，与外面的公共广场仅一墙之隔的建筑北侧呈现完全不同的景象。这里集中了几乎所有最具表现性的公共空间。设计目标因此变得明确和单纯，即争取围护结构最大程度的通透性，把内部空间与外部环境结合成一个完整的建筑体验。点式驳接玻璃幕墙作为首选，覆盖了北立面的大部。建筑侧面采用了部分框架式幕墙作为与实体墙面的过渡。透过巨型幕墙，建筑作为背景把内部景观展现给城市，同时自身也成为一件环境展品。幕墙本身虽然不是设计表现的主要目的，但其设计与制作工艺直接反映了建筑工业的发展水平，对于建筑品质有重要影响。现代建筑技术的发展导致设计与制作分工的专业化，在提供技术可能性的同时也增加了设计的复杂程度，建筑师必须对现代工艺和结构技术

弧形外墙由两种石材肌理构成的表面开始加入多种质感的玻璃及金属百叶等变化，并更具连贯和方向性，引导视线加速掠过表面，形成与起伏顿挫的西侧完全不同的形式节奏和速度感。而且，立面上的变化和屋顶的形式衍进完全是同步的

南立面主体的石墙由表面粗糙的天然石材构成，为动感的建筑带来可触及的稳固与实体感。为与周围建筑环境的灰色基调协调而又不失沉闷，建筑师选用了产自南美的一种灰色花岗石，其独特的中性温暖色调及颗粒特征使建筑外表在稳重中隐含生机

科技馆隔街相望的附属建筑与主体建筑在功能和形式上相互呼应。在一个开阔的环境中，附属建筑如同一艘补给船通过数十米长的天桥向它的旗舰——主体建筑传输能量，构成相互依托的一组。在辅佐整体连续性的同时，其功能性质和滨临观光水渠的位置因素使其体量与尺度都较主体建筑大为缩减，从而更加具有环境亲和力

具备基本知识和设计介入能力。

　　隔街相望的附属建筑与主体建筑在功能和形式上相互呼应。在一个开阔的环境中，附属建筑如同一艘补给船通过数十米长的天桥向它的旗舰——主体建筑传输能量，构成相互依托的一组。在辅佐整体连续性的同时，其功能性质和滨临观光水渠的位置因素使其体量与尺度都较主体建筑大为缩减，从而更具环境亲和力。

　　这个建筑的形式特征在很大程度上与尺度感有关。对尺度的控制是设计生成过程中最为刻意运用的方法。它的基本方式是强化两极而削减中间层次，即通过概括的基本形和放大的尺度营造整体的气势与力度；节制附加或补充性的中间尺度的形式和材料变化；在整体完整的前提下加入细节层次。其目的在于利用超出日常经验的尺度和形式节奏震动人的意识，把人们的注意力引导向整体，配合简单的材料选择以保证概念表达的明晰与直接，与此同时以适当的细节来满足某些细微平和的感官需求。这里存在一个度的把握问题，但从总体上讲，这个建筑并非是为了愉悦感官，而是要通过震撼性的方式表达基本的理念。由此带来的相应的形式与尺度操作可以说是一种对细腻而空洞、表情丰富而无动于衷的流行文化的有意识的反动。

　　如果我们认为建筑是精神的居所，那么栖身公共建筑的可以被认为是社会集体意识。这些或显或隐的集体意识或潜意识需要借助设计者个体意识活动以个性化方式诠释出来。由于建造环境所具有的深刻的社会影响，无论建筑师个体的主观倾向如何，其社会责任都应保证建筑成为积极的行为。建造活动中的精神寄托必然使其或多或少带有理想主义色彩。但是，肤浅而盲目的乐观只具有娱乐性的功效，现实而理性的深刻信念才能导致具有真实意义的场所。

　　每一个建筑项目均有其独特性，对于建筑师都是另一个思考与学习的过程。经验与收获不仅来自设计本身，同时也产生于工作的过程。上海科技馆采取中外合作设计的方式，涉及众多国家和地区的专业设计公司及部门间的协调配合，各方工作方式和习惯不尽相同，设计内容复杂多变，同时面临不断紧缩的设计周期的压力。使其能够基本顺利实现的原因是多方

科技馆与外面的公共广场仅一墙之隔的建筑北侧呈现出的景象是完全不同的。这里集中了几乎所有最具表现性的公共空间。设计目标因此变得明确和单纯,即争取围护结构最大程度的通透性,把内部空间与外部环境结合成一个完整的建筑体验。点式驳接玻璃幕墙作为首选,覆盖了北立面的大部。建筑侧面采用了部分框架式幕墙作为与实体墙面的过渡。透过巨型幕墙,建筑作为背景把内部景观展现给城市,而自身也成为一件环境展品

科技馆的两幢楼，即主体建筑和附属建筑显然是一组互相映衬的造型，它们之间的关系不仅仅是一座天桥在功能上的联系，而是在观念和美学上的联系使其更具现代感

面的，无需赘述，但其中的经验与教训对于设计者来说更是值得回顾总结的。

首先，大型建筑项目的设计工作必须能够围绕一个可以贯彻始终的明确的指导意图进行，因此要特别注意对前期概念构思的投入。具体的设计问题可以随着设计过程的发展而逐步深化完善，但基本的设计概念和形式只能是这一过程的起点和基础，而非结果。除非意在表现一种偶发的生成过程和状态，否则针对功能和形式问题的实用性设计操作不仅无法产生核心理念，反而将因此流于空泛和随意，建筑也成为一种可供选择的表面处理。

然而，能够坚持一个明确的指导思想，除了设计者的努力外，业主及决策者的理解与支持也是极为关键的。除了双方尽可能在具体问题上协调一致外，更重要的是建立基本的信任。建筑师的专业水准得到何种的发挥，在相当程度上取决于业主的因素。

建筑是一种集体协作的行为，完成大型建筑项目需要多方面和长时间的协调配合。除了明确的规则与管理外，建立在理解和尊重各自的文化背景，工作方式与习惯基础上的良好和建设性的合作关系是至关重要的。

设计是一个连续的过程，并不止于某一阶段。充分深入的设计文件只是提供了必要的素材，与现实结果仍有很大距离。为避免设计与产品的脱节，不仅需要设计者的全程参与，更有赖于建立规范化的管理审核等保障机制。

建筑的问题最终反映的是更为宏观的人类存在状态。随着人造环境的不断扩张和相互渗透，具有一种纵观全局的整体意识显得更为重要。选择什么样的整体观，如何处理个体与整体的关系，既是城市建筑的问题，也是社会文化的问题。在依靠建筑表现个体或集体理想的同时，我们有必要继续保持对整体环境的信心。

第三节 建筑室内设计

内外一体

如鹰展翅上升也许是上海科技馆在人们记忆中能长久保留的形象。科技馆的建筑形式具有很强的标志性,而激发建筑设计灵感的根本象征意义更超越了所形成的形式本身。

主要的设计概念是巨大连绵的屋顶及其所覆盖的玻璃空间,其中以卵形中央大厅为核心。屋顶下方包含形象鲜明的基本几何形状,周围环绕着动感、流体空间。

屋顶羽翼的形状给予一种强烈的外部印象,而它所包围的三维空间成为一种螺旋向上的体积。建筑物拥抱着一个中心,从具体形式来说是卵形;而更抽象来说,是现场的一个中心点,象征着要达到的一个目标。向天旋转的空间动态喻意着呼唤人们去追求希望和崇高的理想。通过不断的地面参照物所达到的目标,不断螺旋上升的中心象征国家及其人民不断随着时间而发展,以天空作为最后的极限。

在上海科技馆中,建筑形式、空间与功能被融合成一种比喻、一个探索的个体、知识的中心。

一个生物体

犹如一个生物体,科技馆生存、发展并常驻于游客的心中。建筑的生命在于其动、静两态之间矛盾的平衡:有时是静止、沉思的性质,同时又存在动态、变化不断的内涵。螺旋形的屋顶创造了生动的内部空间,标志出建筑外部的变形,转而升向天空。建筑形式随着不同

如鹰展翅上升是建筑师特别想要让人们在参观上海科技馆后能久久保留在记忆中的形象,因为科技馆的建筑形式具有很强的标志性,而激发建筑设计灵感的根本象征意义更超越了所形成的形式本身。如屋顶羽翼的形状给予一种强烈的外部印象,而它所包围的三维空间成为一种螺旋向上的体积。建筑物拥抱着一个中心,从具体形式来说是卵形;而更抽象来说,是现场的一个中心点,象征着要达到的一个目标。向天旋转的空间动态喻意着人们的追求、希望和理想永无止境

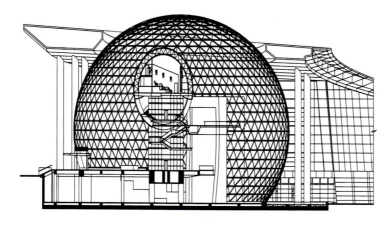

玻璃幕墙的透明性特征创造了室内外之间的永恒的相互交流与对话，而两者之间的分离模糊化，使屋顶似乎飘浮在建筑上

的角度转移和变化，为观赏者带来拍翼上升、飞跃时空的感应；另一方面以内部结构的静态平衡从巨大的透明玻璃幕墙展示在人们的眼前，固定了建筑形式的必然性。

玻璃幕墙的透明性创造了室内外之间的永恒的相互交流与对话，而两者之间的分离模糊化。屋顶似乎飘浮在建筑上，展现出其内部运作、内部分析图像、以及内部各部分之间的共存关系。建筑的透明性使其具有了整体和层次感，真正且"科学地"展示了其作为科学、技术、自然和天文等等，一个功能完整的世纪科技馆。

室内使用天然材料，通过简洁与高效达到现代美感。同外部一样，室内设计突出设计的主题是"人、自然与科技"，希望所有进入科技馆的人都能够找到灵感，并且获得知识的更新。

内部组织结构

本项目由两个结构组成，包含有展览空间的主结构以及通过人行天桥同主科技馆相连的行政附属楼。在88000m²的主楼中，以卵形结构为中心/出入口大厅，连接起建筑物的各分区功能：较大型的分区具有单独并永久性的展区，如西边十余米高的热带雨林和剧院区，以及东边堆叠、灵活布置的高达40m展览馆。展览馆的空间分为四层，每层10m高。设备区单独位于展览馆后面的夹层中。利用地下室作为修理和贮存科技馆展览品的空间。

犹如一个生物体，科技馆生存、发展并常驻于游客的心中。建筑的生命在于其动、静两态之间矛盾的平衡：有时是静止、沉思的性质，同时又存在动态、变化不断的内涵

流程与空间感受

科技馆的设计目的在于创造出一个交互式的环境，启发思维、激励好奇心、增长求知欲并鼓励人群探索新时代的无限领域。

环形通道就表示这样一种概念。建筑物流程的设计就是要激发敬畏感，产生惊奇。随着游客从下沉广场进来，从卵形结构西面雨篷下主入口，通过大楼梯和自动扶梯上到大厅，复杂的卵形结构便慢慢地展现出来。在楼梯的顶端，人们来到服务台和售票区，期望达到最高点。在逐渐熟悉各个功能位置后，游客可以随意参观东西二翼。

建筑的西翼从地面上升，象征着科学的基础源自于大地。作为永久展区的热带雨林位于建筑的末端，是人们和自然界发生关系后而产生科学的主要经历。相邻的Imax剧院通过地下

环形通道就表示这样一种概念。建筑物流程的设计就是要激发敬畏感，产生惊奇。随着游客从下沉广场进来，从卵形结构西面雨篷下主入口，通过大楼梯和自动扶梯上到大厅，复杂的卵形结构便慢慢地展现出来。在楼梯的顶端，人们来到服务台和售票区，期望达到最高点。在逐渐熟悉各个功能位置后，游客可以随意参观东西二翼

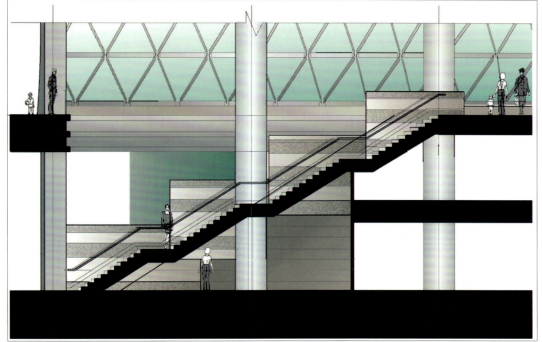

水渠带与热带雨林分开，提供了一个相对黑暗的封闭空间。两个剧院位于独立的立方体和球体中，提供多媒体演示，探索自然界的秘密。由于雨林和剧院的功能都独立，游客可以自由选择参观顺序。

东翼的高空间容纳四层展览馆。设计概念通过逐渐上升的空间经历将建筑物的形式和展览馆的主题联系起来。从地下室的地壳探索开始，流程慢慢地移向天空，直到最后到达建筑物顶端的天文台。旅程在建筑物顶层的室外屋顶花园结束，在这里游客可以鸟瞰上海市繁华的景象。

随着空间螺旋穿过展览馆，游客通过一系列的大楼梯和自动扶梯垂直进入空间。在每个展

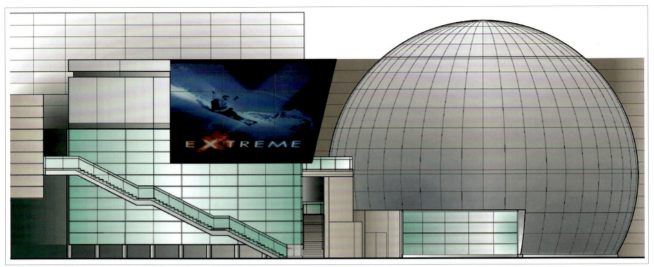

建筑师的构思、理念和想像力都在一张张图纸上变成了现实

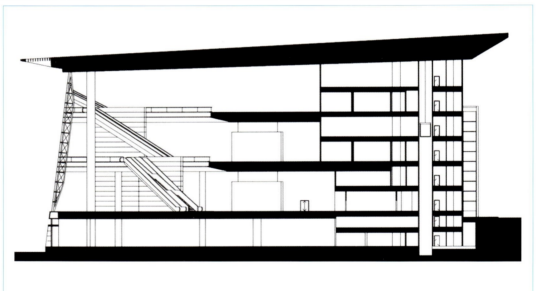

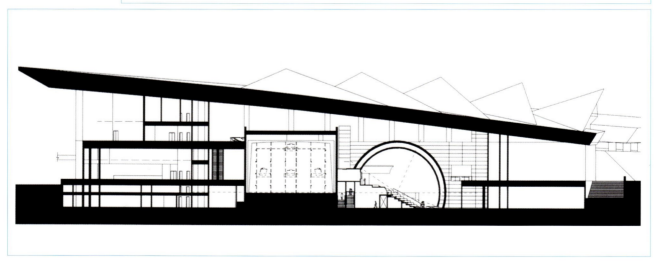

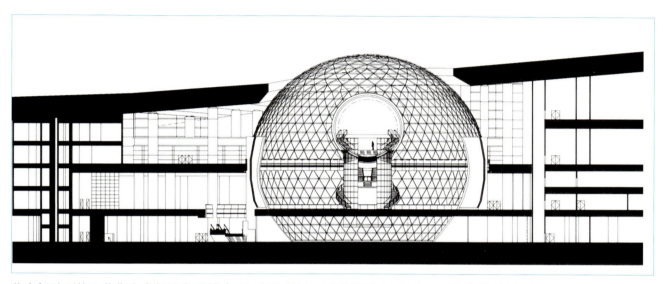

览空间外面的公共集合点都通向线性中庭,在这里游客可以停下来,回味一下他们的经历。虽然向大众有一个逻辑参观路线的建议,但是游客可以按任何顺序自由参观展览馆。展览馆空间的布置使游客可以设计自己的路线,还有表示出随时间空间的变化。

材料与色彩

建筑物内部一个重要的设计考虑是要模糊内外空间的分割,玻璃幕墙作为透明层,为建筑提供了最基本的围护,使公共空间可以在大的市民领域中起作用。

室内饰面通过简单、有效地利用高新技术来展示现代美感,有时符合其天然来源,有时又似乎挑战科学法则。同室外一样,室内设计是要强化"自然、人类与技术"的设计原理,希望进入建筑物的游客能够通过建筑物不断提供的信息找到灵感并获得知识更新。

浮动的顶棚强调了其相对应的部分,在连绵的大屋顶下方所创建的空间,表示出一个主要的设计概念——空心与实心——两元形式。线性中庭与剧院的槽式天窗以及雨林走廊中的帆形天窗都为公共空间带来了光明。它们的阴影投射在楼板上所形成的图案创造了一种生动的元素,使建筑物具有了生命力。

科技馆的铺地采用磨石饰面,在这里现浇环氧树脂磨石板同花岗石广场铺砌面相连。那些重要的公共区域,如卵形结构、雨林走廊和售票区,其铺地上嵌有锌条图案。最后的结果是一个统一地面,相对无缝,突出空间感,而不是将顶棚、墙与楼板的各个面分离开来。

整个科技馆的墙主要是加石材与金属板的饰面。大多数地方都是中性色调,设计主要是要形成一个舒适的环境,同建筑物的背景相一致。在主要区域,如展览馆墙的顶部、售票区和剧院,使用了明快的色彩来突出表现。在金属板中蚀刻有

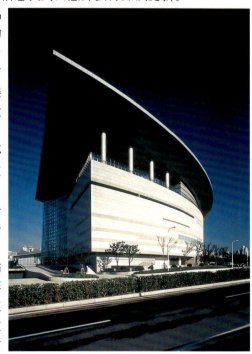

整个科技馆的墙面主要是加石材与金属板的饰面。大多数地方都是中性色调。建筑师的设计思想主要是要形成一个舒适的环境,同建筑物的背景相一致

柔和的图案,以提高兴趣。

同外部一样,建筑物中使用了五种性质的天然材料,使建筑物同主题相关联:

金属:铝板、不锈钢架、镶嵌体;

木材:木板;

水:卵形结构旁边的室外水池和水道走廊中的室内水池;

火:花岗石(一种火成岩型);

土:石灰石(一种水成岩型)。

卵形结构

中央大厅是建筑的心脏中枢,为一个椭圆的卵形。其垂直的短轴半径为25.5m,纵向半径为33.5m,科技馆的东西两翼由此一巨大卵形的玻璃球体圆顶连接成一个整体。其结构微斜地位于弧形顶的下方,其中轴同建筑物的中轴偏离约10℃,面向南北方向,为对称的平面增加了一个动态的元素。

椭圆形中央大厅是由三角球面网架结构(geodesic structure)组成,为一个位于建筑物中央屋顶跨距的下方近乎独立的元素。卵形在结构屋顶的中心环形开口缝的部分超出屋顶,使室内空间得到最大限度的自然采光。宽大开敞的空间展示出高科技与航天科学,将来甚至还计划用机器人为参观者服务。

卵形结构本身为技术的先进性提供了最高的印证。三角形球面网架结构是由一美国加州的公司设计制造，由当地的玻璃工厂联合现场装配。整个结构由铝制工字形杆件梁的预制格子组成，将公差只有几毫米的铝合金板连接起来，这些铝合金板装配构成了三角球面网架的结构网络。三角形玻璃是巨大组装结构的最后部分。穿孔的金属板附着在结构件的上面，以便降低卵形内部"活"空间的噪声等级。

为了保持结构与空间的完整性，三角球面网架除了几个有限的开孔之外几乎是完整的结构，在大厅上有贵宾入口和架空天桥，连接起卵形结构两侧的长廊来。两组铝合金外包混凝土结构框架穿插于卵形三角球面网架结构中，形成穿行的通道，并且承担网架的荷载，使行人天桥犹如在空间中飞起。

卵形结构是一个整体空间，其墙壁与顶棚不可分割。持续存在的天空是空间的一部分，而光线与阴影在地面上反射出生动的图案。玻璃球面上反射不断变化的云彩，建筑物的其他地方找不到同样动态的性质。

科技馆的晚上，卵形的复杂结构被嵌在结构底座的光源照亮。强调出椭圆形的曲线，开敞的框架在晚上将卵黄衬托成一个如液体般光彩流动的球体。

科技馆中的地面铺砌采用现浇环氧水磨石(poured-in place epoxy terrazzo)，是以人造胶料将天然碎石同各种骨料结合起来的一种现代材料。骨料为粉碎的大理石、透明的蓝玻璃以及珍珠贝的母体混合而成，由建筑师在工厂经过多次试验亲自挑选出八种具有独特的色彩平衡和骨料的亮度与颜色。

空间中央的铺砌形式以卵黄为中心，有八个逐渐降低亮度的色彩环，从玻璃轴的底座辐射出来，为艺术与科学技术混合的一个范例。在空间的其他地方，抽象的和爆炸形的行星金属制图形嵌入环氧水磨石地中。

晚上，卵形的复杂结构被嵌在结构底座的光源照亮。强调出椭圆形的曲线，开敞的框架在晚上将卵黄衬托成一个如液体般光彩流动的球体。

"卵黄"

悬浮于中央大厅中心的直径18m小球体象征着"卵黄"。它代表着生命的孵化、人类与技术的孕生。因此，球体"悬浮"在玻璃的卵形结构中间，如生命的起源在卵的流体中一样，内涵不停地处于动态与演变中。在同宇宙相连的无限空间中进行了智慧的创造与交流。小球体的实际功能为一个可容纳56位观众的四维Iwerks剧院，在此环境内借助娱乐媒体得到新的科技知识。

卵黄的外表展示现代技术的精华。原设计目的是要以多层结构的形状，带半透明的表面，显示出由内至外突出的投影图像。其效果就如生命的胚胎，不断演化。而最终的设计是现有技术与原来概念的结合，球体表面的隔膜转成替玻璃卵形结构吸声的涂层，吸收在球面反射到球心的声音。到了晚上，外表作为简单的背景幕的作用发生了变化，电脑激光投射到球体表面。彩光的表演吸引了科技馆外广场中人们的注目。

卵黄的支架是建筑结构技术的一大挑战，在使卵黄结构得到结构支撑的同时，还必须造成飘浮在空间中视觉上的悬空效果。最后的解决方案是在电梯井中采用一组管式钢柱同毛玻

第二章 建筑

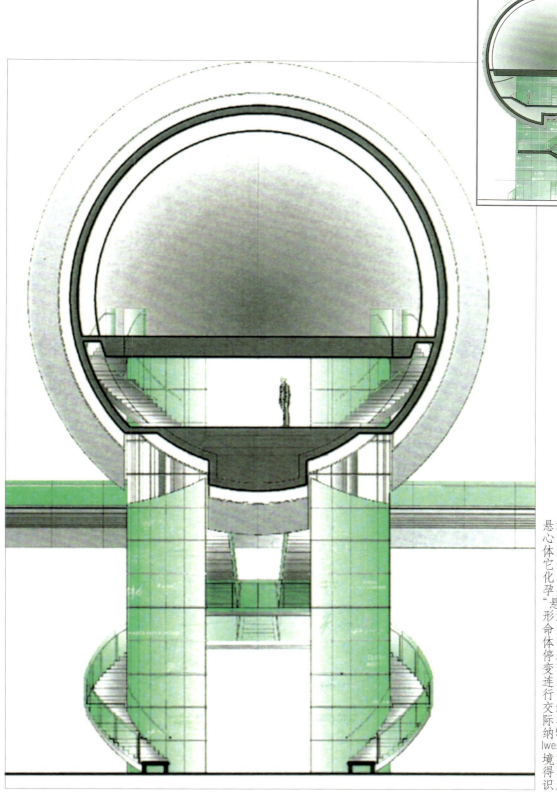

中央大厅中球"蛋黄"。孵化的球体卵生流不演相进与实体维中球的技术球体的卵的内涵如卵内态宇宙空间中创造的可容四环体知识。因此，玻璃中的起源于动态同空间的无限智慧体停变连续了交流。小球实际功能为一个可容纳56位观众的Iwerks剧院，在此环境内借助娱乐媒体科技得到新的知识。

悬浮于直径18m的中央大厅中，象征着"卵生"与"孕育"，它代表着人类文化、生命孕生。因此，"悬浮"在玻璃结构中的球形生命体起源于动态的宇宙空间中一处的无限智慧连续变化中。

65

璃结合，不仅支撑卵黄的负载，也支撑如同在空间中飞行的天桥。电梯井周围的玻璃板带有间隙和外露，既强化小球体飘浮在空间中的效果，又无明显的结构件。由玻璃板制造的通向卵黄的楼梯与平台，在不到一英寸厚度的结构中承受参观者匆忙脚步的负载。踏步上的纹理结构既美观又增加了本来光滑表面的摩擦力的功能。

由地面上升到卵黄的扇形玻璃电梯是专门定制的。电梯室用层压玻璃围绕，内夹不透光草本纤维复杂层，电梯上升时，钢结构的光影投射到电梯的玻璃墙上，将很短的一层楼的旅程变成了一个如航天飞行般深远的旅程。电梯的玻璃顶用带宣纸的背光玻璃固定角度照明，使人有飘浮空间的自由自在感觉。通达人行天桥的门厅为曲面，在卵黄壳上打开，邀请游客从明亮的天桥进入黑暗、神秘的Iwerks剧院。

浮桥

浮桥是横跨建筑东西两翼的主要通道。长方形箱式支承梁不仅为浮桥提供了结构支撑，而且也提供为空间服务的机械管道。

浮桥侧面的半透明的磨砂玻璃地板，增强了结构的细长感，从下层看上去，游客的身影投射在玻璃上，增强了位移感，就好像树影在森林中移动一样。

游客穿过巨大的敞开式卵形圆顶建筑，通过两个侧翼铝合金外包的结构门柜所局限的过渡而进入科技馆东西两翼宽大的展廊空间时，强烈地加强了人们对空间变化的体验。

咖啡厅

咖啡厅的入口是除去卵形结构剖面而形成的两个大三角形，游客经此三角形入口进入咖啡厅。咖啡厅为游客提供休息场所，寻思他们所看到的东西，并计划下一步继续参观的路线。

680m²的咖啡厅的装修同卵形中央大厅相对照。卵形大厅是一种由三角球面网架以边框形成的中空空间，而咖啡厅的东墙却相反地用三角形木板组成，以四周环绕着的白式霓虹灯把外框从光中消失，浮现三角形体。木板上的穿孔不仅为巨大的空间提供了吸声效果，其图案也加强了视觉效果，为开敞的空间增加了人体尺度的亲密气氛。色调为暖性的樱桃色调与建筑物其余部分的冷色金属板和玻璃面相互映衬。

伸展的软布挂在吊在顶棚角上的缆索上，形成了一个更柔软和更有触觉的顶棚面。照明灯具挂在布层上面和空隙之间，在布面上产生漫射光的效果。

公共设施

公共设施集中在底层，靠近临时展品区和收藏库。美食广场特意安排在东角卵形结构的旁边，边缘通向反射水池，提供一个安静的庇护场所。表示出当代金属与玻璃、卫生与简洁的设计风格。科技商店与礼品店便利公众带一些纪念品回家。其他设施包括银行、服务台、衣帽间、电子购票、电话、饮水池以及洗手间。

西翼

参观展览的旅程始于科技馆西翼，科技馆于此以具体的形式反映升华出隐藏的含意，都是以自然界为根基。以热带雨林和剧院为主要展区，整个西翼的内外空间都以地下水渠地带的长廊联系起来。

热带雨林

热带雨林是科技馆西翼的主要特点。包括无数珍贵的植物，是自然历史"生物万象"之家。这里刻意地创造成有生命的展览区，把室内塑造成像室外般的雨林。使用天窗采光，运用机械系统调节湿度、照明与温度，创造出此一独特和别有天地的小环境。

建筑师为热带雨林所设计的一系列的天窗是西翼最有特点的地方，这些天窗为空间增添了柔和的阳光。环氧水磨石地板上，嵌有金属昆虫、动物、树木和树叶图案，配搭微带坡度的水池。天窗带进的光线在水面上波动反射，整个空间便充满了跳跃活动的光影与线条，使人犹如处于水天一体的大自然中

第二章 建筑

地下水渠地带的走廊

设计突破环境的限制，配合现有的地下水渠地带，对结构大跨度的要求，延伸至展廊空间，达成独具意义的设计特性。这个空间成为半室内、半室外的走廊，也用于展示临时展品。屋顶越过空间，形成一个多用途聚集场所的走廊，同时也为室外雨林和封闭的剧院之间的过渡空间。这个宽敞的走廊是科技馆举行各种展览开幕仪式的地点，后来就是2001APEC高峰会的会议场所的一个重要组成部分。

参观者通过玻璃墙终端的小桥，长廊与二楼中央大厅相连。桥通往礼品店，转向剧院墙的边缘，到达电梯和楼梯。长廊东面影院的立面，以石墙为主，上部以玻璃浮托起屋顶，相比起西面的雨林，却是整片透明玻璃墙。人们通过时，能清晰地体验多元性空间的某种过渡感

特为热带雨林所设计的一系列的天窗是西翼最突出的建筑特色，这些天窗为空间增添了柔和的阳光。环氧水磨石地板上，嵌有金属昆虫、动物、树木和树叶图案，配搭微带坡度的水池。天窗带进的光线在水面上波动反射，整个空间充满了跳跃活动的光影与线条，使人犹如处于水天一体的大自然中。

通过玻璃墙终端的小桥，长廊与二楼中央大厅相连。桥通往礼品店，转向剧院墙的边缘，到达电梯和楼梯。长廊东面影院的立面，以石墙为主，上部以玻璃浮托起屋顶，相比起西面的雨林，却是整片透明玻璃墙。人们通过时，能清晰地体验这里多元性空间的过渡感。

IMAX剧院

通过西翼的玻璃幕墙可以看到两个IMAX剧院。在施工阶段，据说SSTM是世界上唯一在同一个建筑内有两个相邻IMAX剧院的场所。球幕影院有287个座位，在其23m的屏幕上放映天象仪及球幕电影。结构直径为26m，三面为几乎完整的球面；第四面位于石墙上，止于离顶棚几米远的位置。一面石墙将剧院与后面的水渠带走廊分开，形成两个剧院突出体形的背景幕。

巨幕影院在两维表演时有465个座位，在三维表演时有441个座位，屏幕尺寸为18.3mX24.3m。剧院最宽的地方为27m。前厅在巨幕影院的下层，有光纤灯照亮的顶棚，犹如晚间的星空一样。

地下室同一层之间的层次变化为剧院的进出游客提供了一个环形通道。观众在底层等待进入剧院，表演结束后从剧院下通的大楼梯分散。

室外玻璃幕墙以石头基础为支撑，也为室内的基准线。光线由石头跨距之间的槽式窗户使进入，室内也能由此看到外面的广场。故事片的标志牌装在沿石墙基础的灯箱中，为原来空白的墙面增加了色彩及韵律。

巨幕影院以艺术玻璃为立面，以点式结构固定在出口走廊和后面的控制室。而球幕影院的院盖穿孔金属板，游客能通过放映室的玻璃窗了解放映室的操作及功能，也由此得到了影视科技的新技术和

69

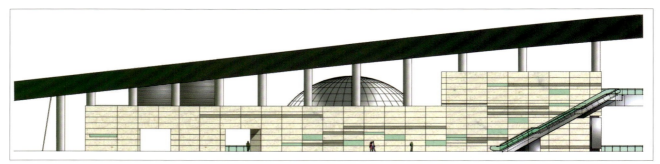

新知识。

两个剧院的内部都有高科技性的灰色和红色声响布幕。布幕上运用光映图案与东翼展览馆石墙的图案相辉映。

东翼
线性中庭

通过40m高的中庭，四层楼上有大小不同、相互叠、垂直连接的展览馆。中庭位于展览馆与玻璃幕墙之间，在这

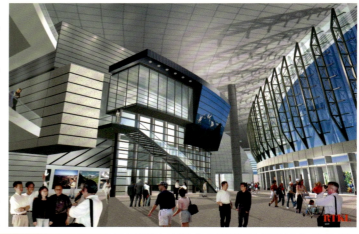

里展览馆的游客可以停留或通过自动扶梯、楼梯或电梯从这一层到另一层。中庭充满室外阳光，通过一片片的石墙，让对光比较敏感的展品可以防止曝光。

各层之间有三组自动扶梯和楼梯，使人们从梯阶式的各层上下走动。随着游客垂直向中庭上升，屋顶继续向上蜿蜒，使空间向上、向前提升。斜倚的玻璃幕墙的角度与斜坡屋顶的相一致，也产生了一种有趣的空间张力。

展览馆楼板与自动扶梯的水平方向同中庭远处的矩形玻璃垂直电梯围护结构相对比。电梯车厢与电梯井被封闭在玻璃中，露出螺栓与螺母，并加强了车厢流程的垂直位移。

中庭的地面也可以用来作展览区，因为它的高度达到40m，完全可以容纳各种主题展览的大型或超大型展品的立体布置和陈列，比如中国古代的四大发明和中国古代的帆船。大的展品从顶棚吊升，观众在整层中都能从各自的视角清楚地看到并欣赏其全景。

第二章 建筑

中庭的地面也能用来作展览区，它高达40m，可以容纳各种主题展览和大型或超大型展品的立体布置和陈列，比如中国四大发明和中国古代的帆船。大的展品完全可以从顶棚吊升，观众在整层中都能看到并欣赏其全景

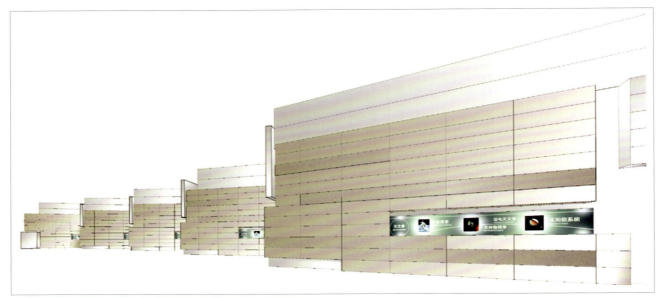

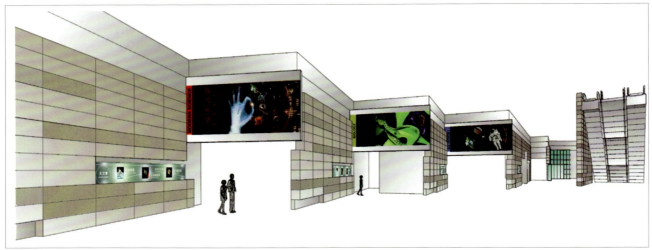

中庭展馆墙

科技馆内中庭展览馆的墙为建筑物东翼的公共立面,因为中庭既属于外部,又属于内部。展览馆墙的外张排列是根据玻璃幕墙的柱子与弧面同展览馆最终尺寸的数学关系而衍生出来的支点。

由天然石灰石板堆砌制成的展馆外墙,全部采用了手工精心制作,为整体的正立面提供了纹理质感。而金黄色的法国石灰石则为冰凉的内部提供了缓和的暖色,其中镶嵌天然历史化石作为现代材料的补充。凿石锤凿毛的粗糙表面同其他材料的光滑、用细磨石打磨饰面相对照,石板似乎是随意般地摆放,在峡谷状的中庭空间就形成了更有机的水平线。展览馆墙的结束是用一个垂直磨砂的玻璃筒来标识,空筒像灯笼一样发光,而金属标记将其后面的展览馆辨识。

四层展览馆墙壁为恒定高度,独立于空间。石头上面的干砌墙凹进去,为针对不同的展品安装可变的图形和标记提供了灵活的表面。墙壁的上面、下面和侧面嵌有模块式框架,以便安装金属板、展览品、玻璃展示柜、图形镶边和空间图案。例如,由当地艺术家制作的青铜浮雕安装在一层展览馆的墙上,使大众了解中国的古代发明。

展览馆

东翼的展览馆分成五个主题：天地、生命、智慧、创造与未来。在科技馆的底层有一个 $2500m^2$ 的临时展览馆，目的是为了存放游动和临时的展览品。

这五个展览馆位置的设计，既可按预定的顺序参观，也可随意按个人喜好的顺序参观。室内装饰能够同展品设计相融合，所有的设计安排都能够支持适应未来的安装变化。

地壳探索在主楼面的第一个展览，在展馆立面上有最形象的表示。一个圆筒形石墙邀请大众进入这个空间，表面有一个大球体位于行星系的中央，这独特的设计是唯一的运用展馆外墙处理来显示里面展览主题的地方。

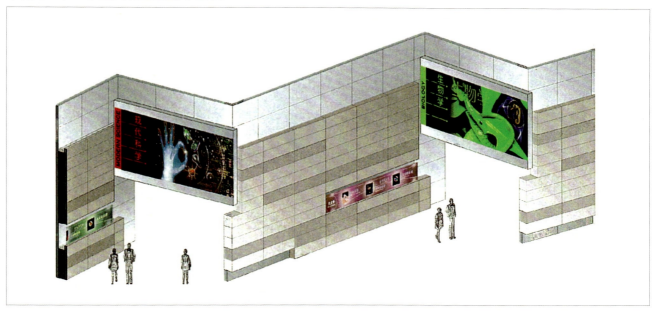

多功能厅

有800个座位的多功能厅位于建筑的最上层，形状为穿过屋顶的玻璃圆柱体，为实心屋顶上极少数的几个开孔之一。从象征意义上讲，它是"天空"终极境界最重要之处。通过玻璃幕墙能够浏览浦东绚丽的景色。游客可以看到整个世纪大道的全景，从陆家嘴的摩天大楼到中央公园的草地与湖泊。多功能厅不但可以向外看景，而且圆形房间使其成为空间的中心焦点，可以在这里举行重要的会议，如2001年APEC总统宴会。

房间中的装饰采用了优雅的高新技术。在多功能厅的舞台后面是贵宾入口和视听设备室，两个大门在舞台二侧，一个通向阳台，一个通往前厅。房间以冷色调为主，带实心、穿孔金属板，彩色吸声布及三角图案地毯。房间的顶棚上饰有复杂的雕塑，将声、光、美结合起来。顶棚上的雕塑由玻璃和穿孔金属制成的三角几何形状，使人联想到卵形三角球面网架结构，也同阳极电镀铝构件的结构装饰相对照。单个的三角形构件组成了金字塔形，向下开放，终点用玻璃窗后面的光源照亮。

入口处的大曲线木门以配合房间中的圆柱形。门中嵌入吸声布板带。将门打开，空间可以扩展到前厅以及西侧的私人餐厅。通往另一侧室外阳台的门外观相类似，但是在镶嵌的吸

声布周围用铝板。这些门使房间能够自然通风,人们能够在室外就餐,博览城市景色。

贵宾厅

贵宾厅是正式欢迎尊贵客人及政要的地方,贵宾可以在这里休息。从玻璃门到室内,装修采用高科技与创新材料。底层有主、次VIP房,完全用带纹理的艺术玻璃围护。当开门器将电磁电荷释放时,进入房间的玻璃门变为不透明,提供了保密性。

艺术玻璃是房间中材料调色的主要部件,其使用方式适合于贵宾,并同科技馆的形象相匹配。房间的焦点是在用织布覆盖的黑墙前面挂着顶光的艺术玻璃"幕"。灯光柔和地照在了平坦的垂直条式玻璃上,所制作的玻璃模拟树皮纹理。虽然房间的尊贵功能要求一种严肃的、对称性房间,但通过悬挂的几层玻璃来解放对称性,玻璃成艺术布置,又保持玻璃室的私密性。聚光灯照在玻璃上,其反射光形成了同天堂相媲美的景象。顶棚用磨砂玻璃的倾斜板照明,玻璃成长方形拱腹布置,有助于溶解顶棚实心面。空间的总感觉是轻快而现代,配置现代的白色家具和简单的几何形地毯。

贵宾可通过私人电梯进入楼上的会议室。电梯室中有风景玻璃,靠近卵形大厅,这样随着电梯穿过一层顶棚、上到二层敞开的花园阳台上时,坐电梯的过程变成了看表演。

二层有三个房间,每个房间都有独特的风格。中间的房间为环形门厅,带三角形浮动式顶棚,使眼光由电梯前厅转向了房间的中央。照明保持得暗一些,以便使空间具有一种神秘感,并突出墙上的壁龛,上面展示的是玉器与宝石。在门厅的左右两侧是两个会议室和休息室,其中一面墙上有精致的艺术玻璃和雕塑装饰品。

辅楼

辅楼的功能是进行研究和行政管理的中心。200个座位的演讲厅、多功能室、办公室、咖啡厅和员工多功能会议室都饰有现代的简单设计。大厅的特点是天窗照明的空间,它描绘出底层斜坡建筑同高层曲线形部分之间的分离。咖啡屋带一个高的斜坡顶棚,在室内游泳池处停止,在这里屋顶成为墙,同楼板相融合。

第四节　建筑消防设计

一、科技馆消防设计的原则

1．上海科技馆消防安全设计的宗旨：建筑物的消防安全达到合适的水平。
2．消防安全保护的原则是：
　　① 防止火灾的出现；
　　② 在火灾出现时人员及时地安全疏散；
　　③ 火灾及其影响的控制；
　　④ 消防设施的操作。
上述四点具体体现了上海科技馆消防安全设计的总体概念，全馆的消防设计采用了下列措施
1．将火灾控制于单个防火分区或防火分区楼层内
　　① 烟雾检测系统（包括烟感、温感、空气采样等）；
　　② 自动喷淋系统（包括水喷淋、水喷雾、气体灭火等）；
　　③ 防火分区内的结构阻燃（包括楼板、防火墙、防火隔断等）；
　　④ 消防控制室（包括1号、2号地块消防中心）。
2．防火分区内的烟雾控制
　　① 烟雾控制系统；
　　② 楼梯间加压系统；
　　③ 结构阻燃和防火分隔物形成的防烟分区（科技城采用挡烟垂壁）。
3．人员疏散安排
　　① 火灾检测和报警系统，引起楼内人员注意并作出反应；
　　② 应急广播系统指导楼内人员的疏散；
　　③ 出口处防火能力。
4．便于灭火操作的设施
　　① 紧急消防车入口通道；
　　② 可直接进入的消防控制室；
　　③ 前室加压消防电梯；
　　④ 消防工具柜。

二、科技馆消防设计的规范

上海科技馆是世界一流的博物馆，包括了展厅、会议、商店和商务专用房间等。大楼包含了三个由数层楼面联接起来的大厅。消防设计的目的是提出一个大楼设计及系统设计符合我国规范的要求，使楼内人员的安全达到较高的水平。

中华人民共和国国家标准是作为科技馆消防设计的重要依据，主要包括但不局限于以下规范：
高层民用建筑设计防火规范　　　　　GB50045-95
建筑设计防火规范　　　　　　　　　GB516-87

自动喷水灭火系统设计规范　　　　GB50261-96
采暖、通风和空气调节设计规范　　　GBJ-116
汽车库设计防火规范　　　　　　　　GB567-84
人民防空工程设计防火规范　　　　　GB598-87

设计中未满足国家规范要求的部分，已采用其他措施来改善。主要借鉴国外相应规范，同时与政府有关单位进行探讨协调以取得解决的最佳方法，并在工程中加以实施。

三、消防设计介绍

1．建筑规模及耐火等级

上海科技馆主体建筑面积：88067m²，其中地上部分62214m²，地下部分25853m²。建筑设有一层地下室，地上基本层数为四层，每层局部设有夹层。建筑自西往东，逐渐升起，最大建筑高度为48.90m（距离首层±0.01），地下一层、地上四层。辅助建筑（二号地块）：地下一层、地上四层，高度18m，建筑面积9984m²，属一类公共建筑。上海科技馆耐久年限为一级，达100年以上。防火分类为一类建筑，耐火等级为一级。抗震基本设防烈度为7度。本建筑为乙类建筑，按7度采取抗震构造措施。上海科技馆主体建筑平面由于设计和工程的需要主要分为三个区域：A区（三段）、B区（二段）、C区（一段）。

2．总体设计与建筑平面布置

(1) 周围环境状况

基地西南侧为半圆形的政环路，道路宽度33.7m，东北面与浦东行政文化中心广场相连。主体建筑与周围邻近建筑的防火间距均大于13m，同时四周也没有火灾危险性为甲、乙类的厂房库房，或可燃材料堆场及贮罐。

(2) 消防车道与消防登高

政环路与中心广场的周边环道构成了主体建筑的自然消防环道，总体设计在基地东北侧开设6m宽的消防车道，同时与建筑北边的下沉式广场用坡道连接。火灾时消防车可驶入下沉式广场并展开消防作业。下沉式广场面积为10000m²，广场内平面大于18m×18m的回车场地，符合规范要求。南侧公共入口广场与其二侧的停车场兼作消防登高场地。场地平均宽度约15m，且在A区、B区段的消防车道同时考虑可供消防登高车作业。消防登高面长度大于1/4建筑周长。高大树木均沿基地外侧种植，不影响火灾时的消防操作。

(3) 消防控制室位置及功能

消防控制室设在首层，靠近政环路侧的公共入口广场，设直接对外出入口。控制室将及时获得火灾的信息，并发出各类信号和指令进行消防操作与监控。

(4) 柴油发电机房及储油罐

柴油发电机房设于地下一层，并配置储油间。发电机房和储油间采用耐火极限不低于3小时的混凝土砌块墙和带闭门器的甲级防火门。储油罐设于室外。

(5) 地下停车库

地下一夹层设50个停车位的车库，采用耐火极限不低于3h的隔墙与1.5h的楼板与其他部位隔开。车库设有单独的机动车出入口和人员疏散出口。

(6) **平战结合六级人防**

因人防设置要求，地下层局部为六级人防。工程平时为藏品库及库房，总建筑面积为 2196m²，分作二个防护单元。其中 896m² 为二等人员掩蔽部，战时掩蔽人数 800 人，1300m² 为人防物资库。平时归入藏品库房使闲，临战改作人员掩蔽部。消防设计按照《人民防空工程设计防火规范》。

(7) **厨房城市管道天然气的设置**

地下一层、三夹层和四层设有厨房或备餐间，使用城市管道天然气。地下一层厨房位于临下沉式广场一侧、四层备餐间于南侧开设窗户，形成自然通风。煤气表房设于一层建筑物的东北部，隔墙为防火墙，设直接对外出入口，可自然通风。

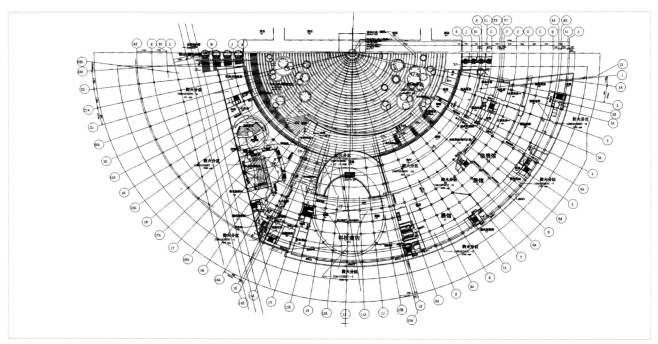

科技馆地下一层平面防火分区图

(8) **建筑平面功能布局**

上海科技馆的地下层平面与下沉式广场相通，主要内容有 C 区 IMAX 球幕及巨幕影院，B 区商店及后勤用房，A 区地壳探秘部分展项、临时展示、库房、车库、餐厅、人防和机械用房等。首层平面为观众人流主要进入层。乘车而来的少量观众由南侧进入大厅（B 区），大量观众和访客是来自市政中心广场下的地铁车站，这部分观众自下沉式广场侧进入，可通过大型楼梯和自动扶梯进入首层售票大厅。建筑中央为一卵形大厅，西侧为巨幕影院和球幕影院，引水渠保护带上设置了大空间休闲及展示区域。东侧（A 区）为地壳探密、儿童科技园、视听乐园、智慧之光及设计师摇篮等首期展项内容。A 区北侧面向下沉式广场为弧形公共交通和活动部分，主要垂直交通设置于此。二层至三层平面主要是大空间展示区域，均为二期展项的预留位置，目前尚未布展。四层平面主要有多功能厅和临时展厅。地下一层至四层均在垂直筒体与南部后勤区域设置夹层，主要为机械用房及后勤用房。

位于2号地的附属建筑主要为内部辅助性建筑，主要作用为后勤工作的办公用房及能源中心。架于1，2号两地建筑之间有长约70m的天桥，其中部为人行道，上下两端则是封闭的机械管道。

3. 防火防烟分区和建筑构造

(1) 防火分区的划分

本项目为火警探测装置（烟感、温感）和自动喷淋等设备配置齐全的建筑，以保证尽早发现火情，及时扑灭火灾或限制火势蔓延。按照《高层民用建筑设计防火规范》的指导原则，并借鉴世界上通行的设计方法和经验，结合建筑方案的特点，划分出相适应的防火分区。各层平面防火分区概况如下：

编号	总面积(m²)	备注	编号	总面积(m²)	备注
1	510		29	280	机房及核心筒
2	6470		30	420	
3	1030		31	2870	
4	6355		32	4740	
5	2220		33	540	机房及核心筒
6	2440		34	350	机房及核心筒
7	1760		35	600	机房及核心筒
8	1950		36	420	机房及核心筒
9	1990		37	340	机房及核心筒
10	470		38	290	
11	1820		39	420	
12	1830		40	3210	
13	1090	球幕影院	41	4330	
14	700	巨幕影院	42	460	机房及核心筒
15	365	机房	43	330	机房及核心筒
16	130	机房	44	160	机房及核心筒
17	410	机房	45	560	机房及核心筒
18	1150	机房	46	740	厨房
19	2710	汽车车库	47	4060	
20	7125		48	390	机房及核心筒
21	1020		49	410	机房及核心筒
22	8730				
23	3200				
24	3330				
25	190	机房及核心筒			
26	1165				
27	290	机房及核心筒			
28	510	机房及核心筒			

由于上海科技馆建筑的高大空间和奇特造型，在建筑的消防设计中给设计人员带来了极大的挑战。因为在目前消防设计规范中尚无恰当的条款适应科技馆的特殊内容，因此在设计过程中也得到了消防局的大力支持与配合。以下篇幅将主要介绍有关科技馆消防分区设计的原则、思路与方法。

地下一层和地下一夹层

地下一层共划分 20 个防火分区。防火分区 2 为立体巨幕影院、球幕影院和共用大厅，面积 6470m^2，自地下一层到二层，为垂直分区。防火分区 4 为 B 区中庭，为垂直分区。此外为水平分区，每个防火分区的面积从 510m^2 ~ 1950m^2 不等。六级人员掩蔽部平时与藏品库房同为一个防火分区，临战改建后自成一区。

地下一夹层的汽车库为一个防火分区，面积 2710m^2。其他均为设备机房，各自按部位成区，共划分 8 个防火分区，面积在 130m^2 ~ 2710m^2 之间。

首层和一夹层

首层共设 9 个防火分区。防火分区 4 面积 6355m^2，为主入口大厅，属垂直分区，自地下一层至二层。防火分区 22 面积 8730m^2，为主展区中庭，自首层起高四层，垂直分区。其他均为水平分区，防火分区面积从 190m^2 ~ 7125m^2 不等。

二层、二夹层至四层、四夹层

除上述垂直分区外，A 区二、三层各分成两个主要水平防火分区，面积分别为 2870m^2、4740m^2、3210m^2、4330m^2。四层设一个主要防火分区，面积 4060m^2。二、三、四夹层均为设备机房或辅助用房，同样按分布部位各自成区。其中二夹层共 5 个区，防火分区面积从 340m^2 ~ 600m^2；三夹层共 5 个防火分区，面积从 160m^2 ~ 740m^2；四夹层共 2 个防火分区，面积从 390m^2 ~ 410m^2。

由于科技馆的方案设计是由境外 RTKL 国际有限公司设计，在空间尺度的把握和对防火分区的概念上有着不同的理解和看法，因此其中 1 号地块设计划分的 49 个防火分区中：2 区建筑面积 6470m^2、4 区建筑面积 6355m^2、5 区建筑面积 2220m^2、6 区建筑面积 2440m^2、19 区建筑面积 2710m^2、20 区建筑面积 7125m^2、22 区建筑面积 8730m^2、23 区建筑面积 3200m^2、24 区建筑面积 3330m^2、31 区建筑面积 2870m^2、32 区建筑面积 4740m^2、40 区建筑面积 3210m^2、41 区建筑面积 4330m^2、47 区建筑面积 4060m^2。以上区域的面积均超越了现行规范的规定，为了不影响设计原创构思的效果并使之符合我国的消防设计规范，设计人员在与消防局有关部门数次的沟通与协调下最终确定了该部分区域的面积指标，并相应辅以有关措施加以保护。其相应的措施为：

① 超大面积中庭的地坪、墙面、屋顶(吊顶)的装修材料均采用不燃材料，设计采用的是石材地面及墙面，玻璃幕墙的外维护，铝板吊顶均符合要求。

② 中庭主要功能是作为人员的交通、集散、休息场所，不设置营业性的服务场所。

③ 为了不影响视觉效果 同意在 A、B、C 区中庭之间不采取防火卷帘分隔措施，但仍应作为相互独立的防烟防火分区，在三区中庭连接廊桥分界处设置喷淋加密措施。

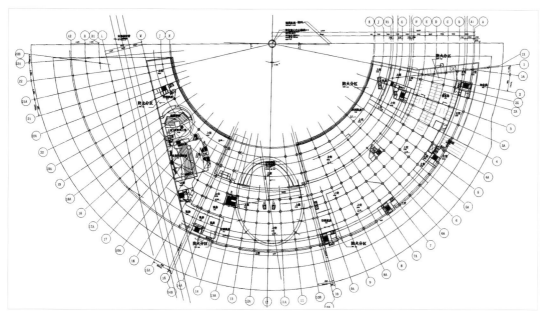

科技馆地下一夹层平面
防火分区图

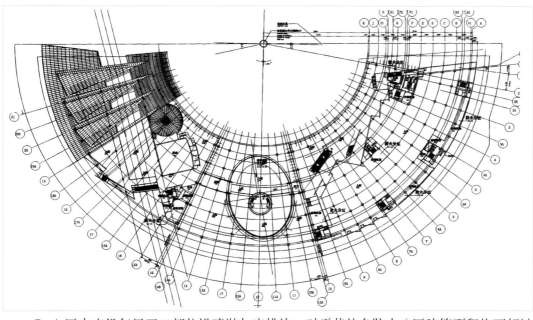

科技馆地下二夹层平面
防火分区图

④ A区中庭沿每层开口部位设喷淋加密措施。对于其他各防火分区建筑面积均不超过 2000m² 的防火分区均以现行规范为准加以设计。

(2) 防烟分区

防烟分区的设置拟与防火分区及固定分隔物的设置一起考虑，以利于机械排烟系统将烟雾排离防护区。防烟分区将确定消防防排烟的具体形式。根据烟雾控制理论，展厅、B区共享空间、影院及地下车库等采取机械排烟的方式，考虑到该项目的特殊性，防烟分区扩大到

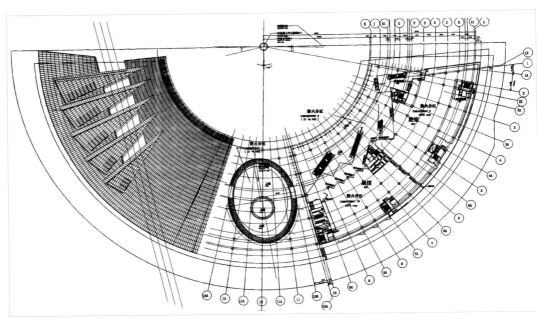

科技馆三层平面防火分区图

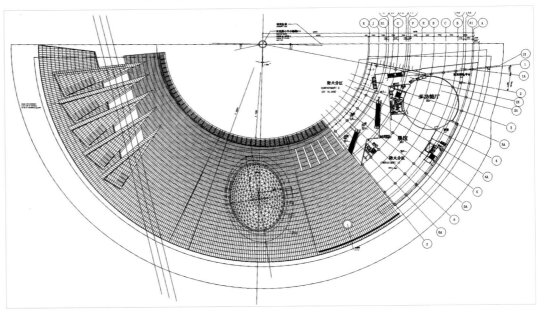

科技馆四层平面防火分区图

2000m²。共享空间（A、C区）采取自然排烟的方式，特点是结合建筑使之融合，平时可作为通风窗使用，以排除聚集在高处的废热，形成自然通风方式，室内空气品质得到保证、节省能耗。

展厅部分根据防烟分区设置机械消防排烟系统，同一防火分区不同防烟分区采用柔性挡烟卷帘分隔，消防排烟量按烟雾控制理论计算得出。按照其理论，设定展厅为有喷淋的公共场所，确定火势类型、火势规模、火势面积、周长、清晰火灾高度（满足展厅的保护高度要

求)、烟气质量流量、烟气的排烟温度等参数,作为选择、确定系统的设备及形式的依据,计算结果如下:
① 地下层 共分为6个防烟分区,其防烟分区面积从960m^2～2800m^2不等,火势规模3000kW、火势面积9m^2、火势周长12m,清晰火灾高度4m,排烟量20m^3/s。
② 一层展厅 共分为3个防烟分区,其防烟分区面积从960～2800m^2不等,火势规模5000kW、火势面积9m^2、火势周长12m,清晰火灾高度5m,排烟量29m^3/s。
③ 二层展厅 共分为3个防烟分区,其防烟分区面积从960～2800m^2不等,火势规模5000kW、火势面积9m^2、火势周长12m,清晰火灾高度5m,排烟量29m^3/s。
④ 三层展厅 共分为2个防烟分区,其防烟分区面积从960～2800m^2不等,火势规模5000kW、火势面积9m^2、火势周长12m,清晰火灾高度5m,排烟量29m^3/s。
⑤ 四层展厅 分为1个防烟分区,其防烟分区面积1200m^2,火势规模5000kW、火势面积9m^2、火势周长12m,清晰火灾高度4.5m,排烟量25m^3/s。
⑥ 四层多功能厅 分为1个防烟分区,防烟分区面积1200m^2,火势规模5000kW、火势面积9m^2、火势周长12m,清晰火灾高度4.5m,按自然排烟系统考虑。

(3) **防火分隔物与耐火构造**

防火分区隔墙:防火墙采用耐久极限不低于3h的混凝土砌块隔墙,需要保持敞开的部位设防火卷帘及其他等效的措施。防火墙上的门均采用甲级防火门。

消防疏散楼梯间及前室、消防电梯井道与合用前室的隔墙均采用耐火极限不低于3h的混凝土砌块砌筑,前室与楼梯间的门地下为甲级防火门,地上为乙级防火门。

位于地下室防火分区内的柴油发电机房、变配电间、(消防)水泵房和送、排风机房等主要设备用房,采用耐火极限不低于3h的防火墙与甲级防火门,形成独立的防火小分区。

竖向送、排风井壁采用混凝土砌块砌筑,耐火时间不低于3h。其他管道井按类别分别独立设置,井壁采用耐火时间不低于1h的轻质隔墙,并在每层楼板处用相当于楼板耐火极限的不燃烧材料分隔封堵,井壁上检修门为丙级防火门。

主体屋盖的钢网、桁架结构采用防火涂料以达到规范规定的耐火时间,而一些影响到建筑审美效果的部分,如建筑中央主入口处的铝网壳(大球),拟采用模拟测试的方法,来计算确定保护的具体办法。

防火分区之间采用了防火墙、防火卷帘、甲级防火门等防火分隔措施。墙体在顶部伸入屋架空间到屋面保温板下沿的部分采用了轻质砌块或砖墙予以分隔,在难以施工的部位采用轻钢龙骨防火板内填不燃材料构造加以分隔,确保耐火极限应达到3h。

建筑内的强弱电管道井、给排水管道井内穿越楼板处的孔洞每层均进行防火封堵,PVC塑料排水管穿越楼板及防火墙处均采取防延燃措施。

钢结构承重构件、球形网架钢结构均采取防火喷涂或水喷淋保护措施(柱体耐火极限3h,梁体耐火极限2h,屋顶承重构件耐火极限1.5h)。鉴于该工程A、B、C区中庭用作为人员集散场所,因此A、C区北立面K轴点式玻璃幕墙(2～10轴)(15～20轴)的钢支撑结构、B区小球体钢支撑结构及B区的铝质网架结构不作防火处理。但A、B、C区中庭均采用非燃材料装修,且整个中庭内不设置营业性设施和可燃的服务设施。因中庭部分屋顶钢结构距地面高度较高,三四层展厅均有喷淋保护措施,故屋顶钢结构不作防火喷涂保护。为了确保钢屋架在火灾情况下不受火的侵害，设置喷淋的部位在设计时考虑到保护的有效性，不留盲区。

4．安全疏散及消防电梯

(1) **疏散楼梯**

主体建筑共设疏散楼梯10座，为防烟楼梯，确保每个防火分区均有至少二个安全疏散出口（夹层内有一些除外，但大多数是设备机房，只有少数是辅助用房）。这10座疏散楼梯中，有3座为剪刀楼梯，以满足疏散宽度的要求。

(2) **疏散出口与距离**

防烟疏散楼梯根据其所在部位，分别于首层向政环路一侧、于地下一层向下沉式广场一侧将人员疏散至室外安全地带。

每个展厅、每个防火分区均设置不少于两个安全出口，展厅内任何一点至最近的疏散出口直线距离不超过30m。鉴于该工程的特殊性，每个防火分区除一个安全出口通向室外或防烟楼梯间前室外，其他安全出口可以是通向相邻防火分区或通向作为独立防火分区的内走道的出口。

作为疏散出口的内走道隔墙均为耐火极限不低于1h的不燃烧体，开向内走道的门为乙级防火门，吊顶应采用耐火极限不小于0.25h的不燃烧材料，又该走道内不设置其他分隔门并设机械排烟设施。

展厅入口、展厅之间所设防火卷帘处设平开防火门，以利疏散。

展厅疏散出口和疏散走道的最小净宽均不小于1.4m。

在A区的B、C、D、E、F筒体内及C区的A、B筒体内各设一台消防电梯，共设7台消防电梯。载重量≥1000kg/台，速度1.5～1.75m/s，载员约15人。消防电梯平时均作为客梯使用，并与防烟疏散楼梯合用前室（前室面积均在10m^{2}以上）。各楼层均设置详细的安全疏散指示指标。

设置应急照明系统。

5．消防给水和灭火设备

(1) **室内外消火栓系统**

上海科技馆设置了室内和室外消火栓给水系统，室内外消火栓用水量均为30L/s。按规范要求在消防电梯前室，展项及走道等处设置单出水消火栓箱，局部为双出水消火栓箱，以保证有二支水枪的充实水柱同时到达室内任何一部位，其间距不大于30m。消火栓箱均采用带自救水喉及手提灭火器的消火栓箱。在四夹层设18t消防专用水箱并设置稳压装置。室外设地上式水泵结合器四组，三出水室外消火栓十个。

(2) **自动喷淋灭火系统**

除藏品库、计算机房、发电机房、电气室、厕所等不宜采用自动喷淋灭火系统的房间外，科技馆各类用房均采用自动喷淋灭火系统。其中厨房及热带雨林区域采用93℃喷头，其他均采用68℃喷头。由于本工程层高达10m，夹层亦有5m高，因此均采用快速反应喷头（屋架内采用标准喷头）。在中庭开口处及防火卷帘门处均加密安装喷淋头。

(3) **其他消防设施**

发电机房、锅炉房采用水喷雾灭火系统，藏品库、计算机房采用气体灭火系统，球幕影院及部分藏品库房采用预作用喷淋灭火系统。

6．防烟排烟和通风空气调节

(1) 防烟排烟系统

科技馆建筑将用作博物馆、展览厅、活动场所、公共聚集区，因此有效可靠的消防防排烟控制系统对于人身安全、财产和建筑物保护十分重要。有效的消防设施通过对着火区域的烟雾控制，使人们赢得更多时间在火灾中撤离，同时为人们安全撤出建筑物提供清晰的可见层，为专业消防人员的进入及配合灭火提供方便。消防排烟系统也能限制火区烟雾温度从而抑制火灾的危害。展厅和活动场所、公共聚集区是一个巨大的连通空间不容易分割，因此烟雾往往能够散布整个空间，从火层升起的烟雾到达顶棚并且散布在高层空间，如果通过导烟帘和挡烟垂壁能限制烟雾在高层空间的传播，如消防排烟量和烟雾产生量大致相当，那么在人们的头顶上就能保持一个一定高度的清晰的可见层。

由于我国现有消防规范及消防防排烟控制理论相对滞后，不能适应科技馆工程的应用，其防火分区、防烟分区分割较小，不能满足科技馆布展的需要，必须将防火分区、防烟分区扩大。为此在设计中参照国外的有关规范，结合科技馆工程的实践情况，并取得上海消防局的支持和指导，为科技馆工程消防防排烟设计提供了充分的依据。一至四层展厅防火分区面积4000m^2，防烟分区面积2000m^2，地下层防火分区面积2000m^2，防烟分区面积1000m^2。在防火分区内用储烟腔或自动导烟帘将防火分区分隔成合适的烟雾控制区，使之防烟分区面积进入有效的防排烟控制理论范围内，并且在任何一个防烟分区内烟雾流动至排烟口的距离控制在60m之内。鉴于共享空间的地面至吊顶高度，采用防烟帘来对空间进行实际分隔是不可行的，为了分析烟雾流动和排放分布的目的，共享空间确定为独立的防火分区，并以上述原则，进行消防防排烟设计。

系统设置时考虑设备运行的可靠性、安全性，在同一防烟分区内依照消防排烟量，设置两路消防排烟系统，保证消防排烟时至少有50%的排烟量。由于空调系统按防烟分区设置，则每一消防防烟分区设置独立的空调系统，消防补风则按同一防火分区内的相邻防烟分区的空调系统进行消防补风，这样充分利用了空调设备，降低工程的投资，整个系统更为合理、实用。

封闭式楼梯间及合用前室设置机械消防送风系统，保证消防时楼梯间和前室的压力。

封闭式走道设置机械消防排烟系统，以保持消防时走道的安全。

影院设置机械排烟系统，自然补风。排烟量按国家标准确定，以确保人员、财产的安全。

地下车库设排烟系统，排烟系统利用平时通风系统。

变配电间设排烟系统，利用平时通风系统进行消防排烟。

(2) 通风系统

排除室内的废热、废湿、异味、有害气体是保证室内卫生、环境条件的基本手段，可有各种技术措施来保证。科技馆工程项目设计中设有相应的通风系统，来满足室内空气品质的要求，主要通风系统有：

a．地下层车库设置机械排风系统，利用喷射导引送风系统稀释室内空气有害气体的浓度，并由机械排风系统排出，保持车库的基本空气品质。同时利用排风系统在消防时排除火灾产生的有害烟雾。

b．变配电间设置机械送排风系统，排除设备产生的废热。送风利用部分室内空调风，同时将变配电间的排出空气排至车库，使不同空气充分利用。

c．厕所设置机械排风系统，排除异味，保证厕所的空气清新。

d．展厅设置机械排风系统，通过转轮式全热交换器将室内外不同品质的空气进行能量交换，合理利用能源。

e．在A区共享空间上部设置机械排风系统，用以排除上部聚集的热量，保持室内外空气压力的平衡。

f．在B区共享空间天桥上部设置机械送排风系统，排除上部聚集的热量，同时减少冬季球体玻璃幕墙的结露现象。

g．生物万象展区相对来说是高温、高湿环境，保持展区内空气品质十分重要。设置必要的机械通风系统，并通过空气全能回收装置回收部分空气中的能量，既能保持展区内的空气品质又能达到节省能源的目的。

h．厨房设置机械送排风系统，用以排除灶具产生的废热、废湿及油烟气体，通过有效的手段过滤净化，保证环境的要求，并使厨房保持一定的负压，防止厨房有味气体串入其他房间。

i．柴油发电机平时为机械通风，防止异味的溢出，发电机使用时则采取自然通风方式，排除发电机产生的废热。

j．其余设备用房设置机械通风系统。

k．共享空间可根据天气情况通过可开启的气动排烟窗进行自然通风。最大可能地利用室外新鲜空气。

科技馆工程项目中共设有：20个送风系统，30个排风系统，空气全热回收装置 6 套，回收效率大于70%。通风系统在满足要求的情况下，气流有组织的进行流动、平衡、合理利用，配合空调系统创造一个健康、舒适、节能、环保的舒适人工环境，这是设计必须考虑的。

7．电气部分

(1) 消防电源及配电

科技馆工程按一级负荷供电，由上级两座35kV独立变电站分别提供专线10kV电源，为确保各消防设备等重要负荷的运转，专门设置应急柴油发电机作为第三路备用电源，在各变电所通过ATS进行电源自动切换。

对各类消火栓泵、喷淋泵、消防风机（正压风机及排烟风机）、防火卷帘、挡烟垂壁、消防电梯等设备以及消防控制中心均采用双电源回路供电，末端自切。

所有引至消防设备的动力管线及控制管线均采用耐火型电缆HN-YJV和阻燃型交联辐照导线ZR-BYJ。承载电缆的桥架选用涂新型防火涂料的防火桥架或钢管，以确保火灾时各消防设备的正常供电。消防报警系统的控制线路穿金属管保护并设在非燃基层网。

(2) 火灾应急照明及疏散标志指示

在本工程所有区域内均安装了应急照明，以确保火灾状态下人员能迅速地撤离事故现场。一般的公共空间为0.5lx。在重要及需持续工作的机房或用房中应急照明保持在原有照度的50%～100%。

在本工程所有区域内均安装了应急诱导照明，以确保火灾状态下人员能准确以最短路线撤离事故现场。应急诱导照明及疏散标志的安装采用地面与侧墙相配合的方式。另外增设了新型的光子发光材料的诱导指示牌，其原理为白天吸收光线储存在荧光物质中，在使用时激发成光源，光子牌的使用解决了大空间里电源难以到达部分位置的诱导指示的安装问题。

应急照明及应急诱导照明的电源能维持90min，本工程采用的是双电源自切和镍镉电池的三重保护形式。

(3) **火灾自动报警及联动控制系统**

1号、2号地块采用控制中心报警系统，消防控制中心设置在1号地块的C区一层，中心内设置集中控制器和联动控制器。报警系统对消防灭火系统、防排烟及空调系统、火灾警报和应急广播、消防电源及照明系统、电梯、电动防火门及防火卷帘以及活动式挡烟垂帘等系统联动控制。消防控制中心设置手动直接控制消防水泵、防排烟风机的控制装置。

本工程设置了西门子－西伯乐斯公司的智能型火灾自动报警及联动控制系统。各区域所采用的感烟探测器，均具有连续采样功能，每次采样均可组成精度足够的烟雾浓度曲线。该曲线可在探测器附属CPU中与参照曲线进行比较分析，系统有足够短的响应时间，确保了系统报警的实时性。感烟探测器分布在各展厅、办公室、电梯厅、走道等场所。

各区域所采用的感温探测器均采用差温型。感温探测器分布在厨房、卫生间、汽车库等场所。在净高大于12m的大空间内（1号地块的A区中庭回廊处、B区中间小球等部位）设置分离式红外线探测器，在巨幕及球幕影院内采用维士达品牌的空气采样型火灾自动探测装置，其预警等级是其他型号的探测器所无法比拟的。探测区域按独立的房间划分，而且每个探测区域都不超过500m^2。报警区域按防火分区划分，一个报警区域由一个或同层相邻几个防火分区组成，并设置楼层显示器。

四、消防防排烟的计算及分析

消防防排烟应用烟雾控制理论通过了解烟雾质量流量率、烟温和自然堆积效应，进行计算、分析，主要计算参数有设计火势规模、火势面积、火势发生地、清洁可见层高度等。

A、C区共享空间：

建筑物形式	单层带有喷淋系统
火灾形式	方形
火灾总热输出量	3000kW
火灾面积	9m^2
喷淋动作温度	68℃
火灾周长	12m
火势发生地	最底层
烟柱类型	轴对称型

清洁可见层高度应给予尽可能高的层面提供最大的可能保护。烟雾上升的最大高度是依靠最小烟温所产生的热浮力来确定的，通常考虑烟温应比周围环境温度高15℃。但在科技馆工程项目中，由于共享空间是一个巨大的空间，并且不能设置挡烟设施来限制烟雾的传播，为此烟温应比周围环境温度高20℃更为可靠。通过对烟雾质量流量和热烟气温度的计算确定排烟率是保证排烟设计的必要条件。烟雾质量流量计算如下：

烟雾质量流量 $= Q \times 0.8 / (1.01 \times \triangle T)$ kg/s

式中：

Q —— 设计火势规模 kW，取3000kW。

$\triangle T$ —— 烟温和周围温度之差 ℃，取20℃。

0.8为热消耗率

结果：

烟气质量流量 $= 3000 \times 0.8 / (1.01 \times 20) = 118$ kg/s

根据"轴对称"烟流理论中的清晰可见上升高度即：

烟气质量流量 $= 0.188 \times P \times Y^{3/2}$

式中：

烟气质量流量为118kg/s

P —— 火灾周长 m ($P=12$m)

Y —— 清晰可见层高度 m

计算结果：

$Y=14$m

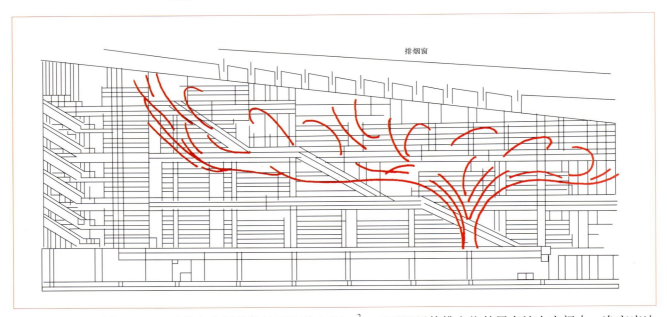

A、C区共享空间烟雾控制示意图

A区共享空间其场地面积约3500m²，二至四层的挑台均伸展在该大空间中，净高度达40m。来自一层地面火灾的烟雾能够不受限制地到达顶部，在高处进行排烟。在了解了烟雾的质量流量、烟温、自然堆积效应后，认为采用自然通风排烟系统是可行的。从第一层楼面升起的烟雾会扩散在包括三、四层的上层空间，由于烟雾热压浮力的作用，当火源位于一层时最低的储烟腔层高超过14m，离一层楼面14m的可见层高度的烟温比环境温度高20℃。烟雾将堆积在14m以上各层，考虑上部各层区域面积较小、人员及疏散条件较好等各方面的因素，此区域清晰可见层高度保持在14m是实际的。

C区共享空间场地面积约2860m²，高度27m。来自地下层地面火灾的烟雾能够不受限制地到达顶部，在高处进行排烟。不包括影院区域，其防烟分区面积在2000m²以内，符合防烟分区的面积。影院区域为独立的防火分区，为此C区共享空间是一个防烟分区。

采用自然排烟方式涉及有效的排烟面积，可由以下公式计算确定：

$$A_v \times C_v = M/P_0 \times [(T^2 + (A_v \times C_v/A_0 \times C_0)T \times T_0)/2 \times g \times db \times \triangle T \times T_0]^{1/2}$$

式中：

M 烟气质量流量（kg/s）

A_v —— 排烟口的截面积（m²）

A_0 —— 所有进气口的总面积（m²）

C_v —— 排烟口流量系数（通常选定在0.5～0.7之间）

C_0 —— 进气口的流量系数（通常约为0.6）

P_0 —— 环境温度下气体的密度（kg/m³）

g —— 重力加速度（m/s²）

db —— 排烟窗下烟气的厚度（m）

T —— 烟气的绝对温度（K），$T = \triangle T + T_0$

T_0 —— 环境的绝对温度（K）

计算$A_v \times C_v$时应采用试算法进行。

计算结果：

	A区共享空间	C区共享空间
排烟方式	贯穿流动方式	
排放／补充比率	0.7	
排放的有效面积	24m²	29.6m²
有效空气补风面积	34m²	42.3m²

（注：由于A区面积过大且无法设置挡烟设施，考虑烟雾传播和排烟分配的目的，A区共享空间假设为2个防烟分区，为了达到排烟的要求量，实际排放的有效面积应加倍。）

A、C区共享空间自然排烟方式的特点：结合建筑使之融合，平时可作为通风窗使用，以排除聚集在高处的废热，形成自然通风方式，室内空气品质得到保证、节省能耗。

自然通风排烟设备采用气动式排烟窗，具有设备简单、安装维修方便、性能可靠等特点，同时具有日常开启通风功能，其自动装置能接受雨点信号，关闭排烟窗设备。

B区共享空间采用按容积换气次数确定消防排烟量，采用机械排烟、自然补风系统，排烟量为240000m³/h。在天桥球体外侧两边设消防排烟风机及送排风机，送排风系统排除球体上部空间聚集的热量和防止冬季球体玻璃幕墙结露的现象。

展厅部分根据防烟分区设置机械消防排烟系统，同一防火分区不同防烟分区采用柔性挡烟卷帘分隔，消防排烟量按烟雾控制理论计算得出。按照其理论，设定展厅为有喷淋的公共场所，确定火势类型、火势规模、火势面积、周长、清晰火灾高度（满足展厅的保护高度要求）、烟气质量流量、烟气的排烟温度等参数，作为选择、确定系统的设备及形式的依据，计算公式参阅上海市《民用建筑防排烟技术规程》中有关公式。

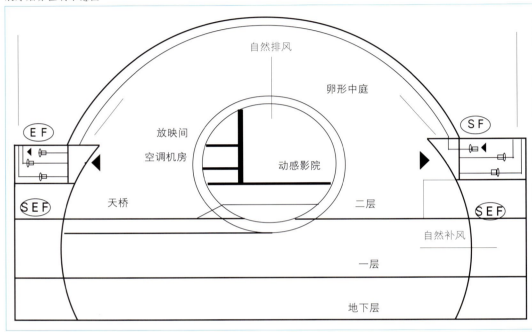

展厅烟雾控制示意图

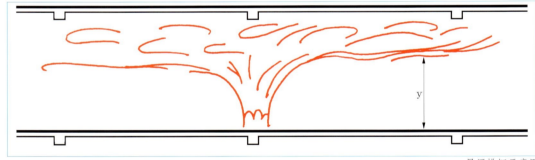

展厅排烟示意图

展厅排烟计算结果见下表：

	地下层	一层展厅	二层展厅	三层展厅	四层展厅
防烟分区	8个	4个	5个	5个	1个
建筑物形式	带有喷淋系统				
火灾形式	方形				
喷淋动作温度	68℃				
烟柱类型	轴对称型				
火势规模	3000kW	5000kW			
火势面积	9m²				
火势周长	12m				
清晰火灾高度	4m	5m			4.5m
排烟量	20m³/s	29m³/s			25m³/s

四层多功能厅
为1个防烟分区

建筑物形式	带有喷淋系统
火灾形式	方形
喷淋动作温度	68℃
烟柱类型	轴对称型
火势规模	5000kW
火势面积	9m²
火势周长	12m
清晰火灾高度	4.5m

采用自然排烟方式。

五、消防防排烟系统

上海科技馆设有13个消防机械防烟系统,用于楼梯间和前室的加压送风。13个消防机械排烟系统,用于展厅、走道、影院、地下层等区域。另有3个消防自然排烟系统。

系统设置时考虑设备运行的可靠性、安全性,在同一防烟分区内依照消防排烟量,原则上设置两路独立的消防排烟系统,保证每路的消防排烟时至少有大于50%的总排烟量。由于空调系统按防烟分区设置即每一消防防烟分区设置独立的空调系统,消防补风则按同一防火分区内的相邻防烟分区的空调系统进行,这样充分利用了空调设备,降低工程的投资,整个系统更为合理、实用。

封闭式楼梯间及合用前室设置机械消防送风系统,保证消防时楼梯间和前室的压力。

封闭式走道设置机械消防排烟系统,以保持消防时走道的安全。

影院设置机械排烟系统,自然补风。排烟量按国家标准确定,以确保人员、财产的安全。

地下车库设排烟系统,排烟系统利用平时通风系统。

第五节 室外灯光设计

当夕阳即将卸下最后一道纱帘时,上海科技馆室内外的735套投光灯,将科技馆衬托在宁静的夜空中,宛如太空里一艘巨大的飞船——一个个连续而有节奏的灯串,勾画出科技馆渐渐升起的屋顶曲线,大玻璃幕墙内透出暖白的灯光,将室内高耸的立柱和空间奇妙的变化映照在幕墙上;神秘的光辉从"飞船"中心庞大的玻璃圆球内折射出,隐约可见一个金色小球体浮于其中。随着时间的推移,金色的小球忽而变成红色、橙色、紫色、蓝色,并揉进了胚胎的图案、水波的图案,球随光转,仿佛一颗浮动在玻璃腔体内生命的种子,运动着、生长着、渴望着……,使你充分体会到生命的力量。一会儿,金色的小球在划破夜空的轰鸣声中,变成了一个巨大的土星、火星以及无数个小星球,把你的视线引向了无限的宇宙和浩瀚的太空之中。你会情不自禁地感叹宇宙中的万物生灵那么地奇妙无比。与之呼应,室外下沉式广场十几条光带跳跃着、闪烁着,恰似飞船起飞的信号,唤起你去探索科技馆的种种奥秘。这就是科技馆室外

灯光设计最精彩的一幕。

一、室外照明的设计主题

建筑夜景灯光的设计是照明设计的一部分，它采用当今先进的照明技术，使建筑主体最精美的造型、最有标志的符号、最丰富的建筑语言在夜空中能继续得以表现。它既是白天景观的延续，又是对建筑景观的再创造，是艺术与技术的完美结合。

夜景灯光是一种特殊的光的艺术。它应该富有思想、激情，具有相当的感染力。科技城夜景灯光设计就是遵循这一设计原则，被赋予科技感、神秘感，突出运动与发展的主题。这一照明主题与建筑本身的内涵完全统一，因此如何体现这一主题，就是照明技术需要解决的问题所在。

二、灯光设计的表现方法

灯光的表现手法很多，针对科技馆的夜景照明设计，采用了光与影的虚实对比、动态灯光和主题音乐灯光等主要表现手法，其中主题音乐灯光是首次应用于建筑照明之中。

科技馆的轮廓、外墙较多地采用了虚实对比的表现手法，通过光与影的变化，体现出外墙石材的粗犷感，以表达其自然的质感，同时还将外立面的变化生动地反映出来。例如，在科技馆东侧最高处的屋面是靠平台上的几根立柱擎起，这里借助灯光的光影对比，将灯光移至立柱的后侧，立柱的剪影与透亮的屋顶平面形成了鲜明对比，更加突出了建筑的高挑与轻巧，体现了高科技的魅力。大玻璃幕墙内透出的灯光与室外石墙面灯光的虚实对比，又给建筑平添了几分神秘感。

动态灯光是体现建筑现代感的重要手段，它是赋予建筑活力和生命的一个灯光语言。在下沉式广场内，布置了十几条放射状的光带与若干光点。在这个广场内，点与线的流动、变化、闪耀，组成了一幅和谐、动态的光的图画，同时，它的亮度与主体建筑的亮度对比又恰到好处地烘托了建筑主体活泼向上的氛围。

主题音乐灯光是第一次用于建筑夜景照明，是将舞台灯光应用于建筑照明的尝试。科技馆中心 20m 直径玻璃球体内的一座球形动感影院，成为了照明的载体。为此，专门设计了题为"生命的诞生"和"无限的宇宙"两段主题灯光。音乐首次为灯光服务，专门编制的主题音乐与 24 套电脑灯具巧妙地配合，实现了两段精彩的建筑灯光表演。音乐主题灯光如此完美地融于建筑之中，体现了建筑更深层的内涵。他将照明设计的主题表现得淋漓尽致，为科技馆的夜景增辉添彩。

三、先进照明技术的应用

在上海科技馆夜景灯光的设计中，将照明新器件与计算机控制很好地结合起来，使科技馆的夜景灯光更具技术性。

科技馆全部夜景灯光，包括庭院照明均采用 BA 系统控制，并根据时间的控制达到夜景灯光变化的效果，使人们能在夜晚欣赏到科技馆的不同景观。在设计中，运用了最先进的 LED 技术，充分利用 LED 的可控性、高效性、节能性等优点，与单片机控制相结合，实现灯光的动态效果。在小球体灯光设计中，采用计算机音控同步技术，实现了音乐与灯光的无缝连接，同时还应用了先进的计算机灯光控制系统和目前最先进的电脑灯，通过专业编程达到了完美的艺术效果。在科技馆的大型公共空间处，采用的间接照明技术，利用大功率非对称配光的投光灯具，实现了大面积玻璃幕墙内光外透的艺术要求，同时也使建筑空间更加完美。

四、照明与建筑的结合

上海科技馆夜景照明设计中，注重了灯光与建筑的结合，使得灯光系统的每个符号均融于建筑主体。譬如，光源色温与装饰材料的结合，灯具的安装支架与钢结构的结合，室外灯具与绿化、道路的结合，室内灯光和室外灯光的结合。设计中，室外照明均采用中性白光，柔和的白光与冷硬的钢板、坚硬的石材一起表现了自然与科技的对话；室内采用暖白色光，与暖色调墙面相呼应，更加体现了科技的亲和力。同时，将灯具安装与建筑相协调，大部分灯具外壳均采用与建筑主钢材色调一致的颜色。不仅如此，还采用了灯具埋地等方法，将影响建筑白天景观的灯具隐藏起来，使服务于夜景的灯具不再成为影响建筑主体白天视觉效果的障碍。

第三章　结构与施工

- 96　第一节　结构选型
- 103　第二节　基础工程
- 125　第三节　预应力工程
- 150　第四节　风洞试验
- 156　第五节　单层网壳
- 171　第六节　屋盖安装

第三章 结构与施工

第一节 结构选型

一、建筑概况

上海科技馆位于浦东花木行政文化中心区，毗邻世纪公园，与浦东新区行政管理中心遥遥相对。

3-1 外景

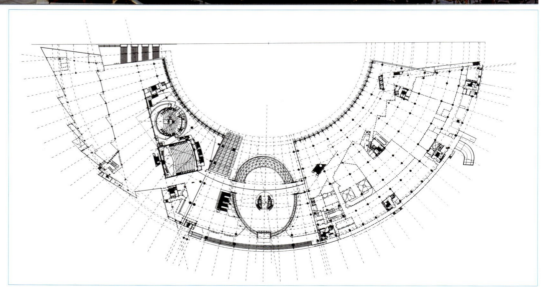

3-2 平面

上海科技馆由1号地块主楼和2号地块附楼及下沉广场组成。

建筑地点：　　　　　　上海浦东花木行政中心区
基地面积：　　　　　　68000m²
主楼建筑面积：　　　　88000m²
主楼建筑最高层数：　　4层
主楼建筑最高点：　　　49m
主楼建筑层高：　　　　10m

建筑设计：　　　　　　　　美国 RTKL 公司、上海建筑设计研究院
结构设计：　　　　　　　　上海建筑设计研究院

建筑平面呈半圆环形。
立面由低向高，屋面呈螺旋型上升，最低处 11m 左右，最高点 49m。

二、建筑物特点

(一) 平面尺寸
建筑物平面呈半圆环形，最大半径 160m，最小半径 80m，外圆弧长达 490m 左右。

(二) 层数、高度变化大
建筑物由低向高，层数由少向多变化。最多层数为地上 4 层，层高 10m，局部有 4 层夹层，屋面最高点 49m。地下一层，层高 7.2m。

(三) 屋面复杂
投影面积达 35000m² 的呈半圆环形巨型屋面，是建筑物的设计基本主题。整个屋面为螺旋形上升，屋面剖面采用由厚至薄的变截面。

在螺旋上升起步处，有五个大天窗，天窗顶形似巨型飞翼，意喻起飞之动感。屋面螺旋上升，最低处近 11m 至最高点 49m 变化，截面厚度建筑外包面由 1.8m 至 5m 线性变化。

(四) 设计重点
椭圆玻璃球体中庭由单层网壳和通透玻璃组成，椭圆球体大厅是建筑设计中的一个重点。球体在整个建筑物中相对独立，与周边脱离，形成一个巨型通透的中庭空间。

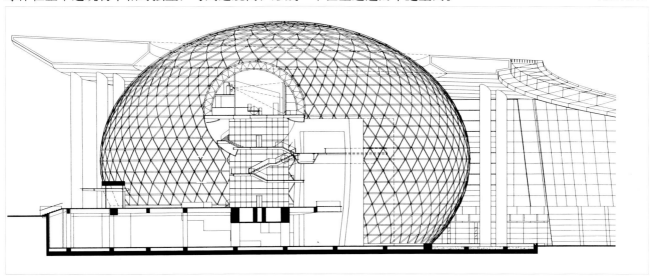

3-3 中庭剖面图

三、结构选型

(一) 变形缝设置

半圆环形建筑平面,外圆弧长490m,宽近90m。无论长度和宽度均超出目前现有规范限值,且竖向空间层数、高度变化大。通过设置两条结构缝,将整个建筑分为三个独立结构体(A、B、C)。各个结构体自振特点简单,使抗震设计计算分析明确单一。

(二) 结构形式

A 结构体

地上4层,地下1层,每层高4m。结构体系为现浇钢筋混凝土预应力梁板框架结构。框架梁跨度一般均在18m左右,为有粘结预应力梁。楼板结构为井字梁,井字梁采用无粘结预应力梁。屋面为四角锥平板式钢网架结构。

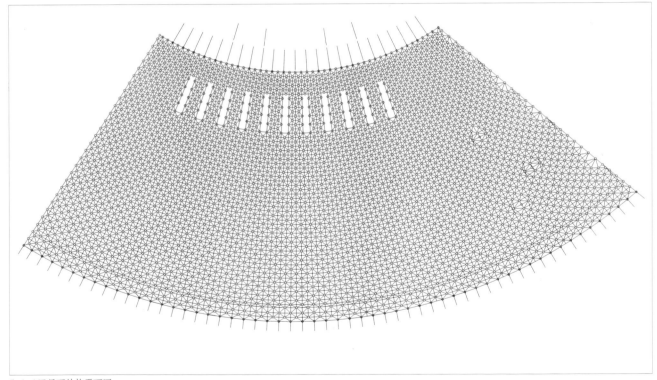

3-4 A区屋面结构平面图

B 结构体

建筑空间大部分为地下室底板直至屋面的大空间,除局部有两层楼面结构外,中间无任何楼板和联系梁。结构布置为大跨度不规则柱网,在一层及两层楼面处采用钢筋混凝土预应力梁框架结构。除混凝土结构外,还有单层网壳铝结构球体和大跨度空间钢桁架结构屋面。

C 结构体

建筑使用功能复杂,内容多,且有一引水渠通过整个C区。根据市政府文件规定在引水渠30m宽范围内为保护区。不允许有任何建筑(构筑)物基础设施,为此结构柱网不规则,跨度大小差异大,楼面结构跨度较大处采用钢筋混凝土预应力梁。

C区屋面主要由三部分组成：1．四角锥平板式钢网架。2．空间钢桁架。3．箱型断面钢梁。

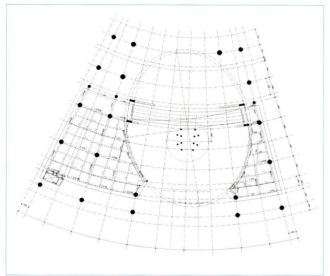

3-5　B区二层结构平面

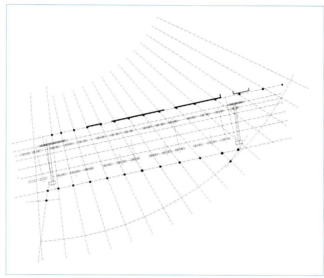

3-6　C区原水渠

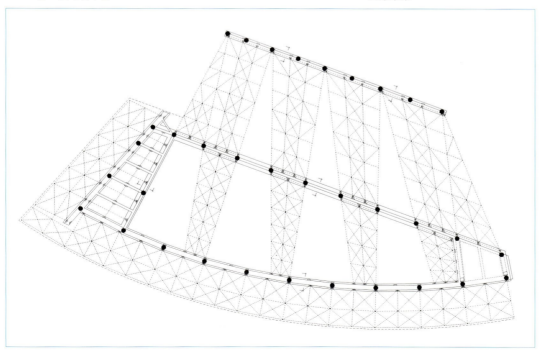

3-7　C区钢桁架布置

（三）抗水平力体系

A区结构为较规则双向框架结构，且长度、宽度都有较长尺寸，又为连续多跨，抗侧刚度好，结合建筑功能要求，抗水平力体系采用钢筋混凝土纯框架结构。

B区建筑为空旷大空间结构，许多部位只有钢筋混凝土柱与钢结构屋面连接，中间无任何梁与柱组成框架结构，整个结构水平刚度差。

该区除两侧与A、C相接面外，前后两面大部分为敞开，无围护墙，受风力相对较小。另外该部份建筑物自重小，大部份只有钢结构屋面，地震力作用下水平力相对也较小。针对整个B区这一特点，在有一层和两层楼面结构处，地震作用时，由于楼面存在，这一部位质量大，质点多，水平力相对大。设计在一层以下部位设置纵横两向剪力墙，以使尽可能将结构做到抗侧刚度中心和质量中心接近。同时也解决了由于支座不在同一楼面，容易使椭圆铝结构球体不同标高的支座产生相对水平位移的不利因素。

钢度。屋面钢结构桁架与砼柱顶固定铰联接，起着使各柱顶位移同步协同作用，提高整体抗侧刚度。C区由于引水渠的影响，使整个C区分成两部分。两部分均在平面的两端部，结构设计在平面和竖向布置成侧向刚度相对较大的结构体系，柱顶采用工字型宽翼缘混凝土大梁，形成刚性框架。

四、基础设计

虽然建筑物层数不多，但柱距两向均较大，一般都在18m以上，层高也有10m，且楼面使用荷载大，以致单柱下荷载均较大，相当于一般20多层的办公建筑。根据地质情况，设计采用桩基础，桩尖持力层进入第7层草黄色粉砂土层。桩集中布置在柱下，为独立承台桩基础。

由于基地内有一引水渠通过，及市政府有关文件规定，在水渠30m宽度范围内不得有建筑物基础，根据这一情况设计采用两种桩型的桩基础。在建筑物层数较多较重部位，相对远离引水渠区域，采用打入式PHC管桩。在引水渠较近区域，为避免施工产生振动、挤土等不利影响，采用钻孔灌注桩。

五、超长结构设计

整个建筑物通过设置两条变形缝，变为三个结构体，使每个结构体的结构体系简单化，每个结构体平面面积也大大减小，但每个结构体长度、宽度仍严重超出目前规范限值。对大面积的混凝土楼面结构，以及超长的地下室外墙，尤其是暴露在室外地平以上的地下室外墙和一层楼面部分，由于外界大气温度的变化，使结构构件产生伸缩，但结构构件存在各个方面的约束，不能自由伸缩，因而出现内应力，当拉应力超出混凝土抗拉强度时，混凝土构件开始开裂。

针对地下室外墙连续长度长，达近300m，设计采用预应力技术，在混凝土构件中预先建立一定值的压应力，作抵抗裂缝过多出现和开展。

六、椭圆球体支座设计

椭圆球体外包尺寸：
平面：长轴 D=67m
　　　短轴 D=51m
立面：球高35+7.2=42.2m
球体结构：杆件为铝型材，H型断面，节点板式圆盘节点。三角形划分单层网壳。

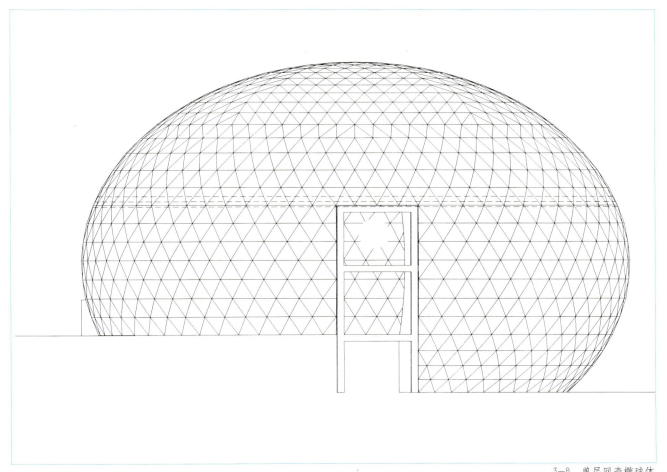

3-8　单层网壳椭球体

由于网壳球体支座不在同一平面，且球体两边还开有两个大门洞(9m×16m)，使得球体支座复杂，给球体设计带来相当大的难度。

由于结构楼层间存在相对位移和竖向挠度，这些位移对球体将会产生拉开或压缩变形。为使这种情况降到最小，在±0.000～-7.200空间内结构布置增加几道抗侧力混凝土剪力墙，在球体两侧门洞处竖向支座，做了两个大断面的混凝土门框，以承担网壳水平环的张力。

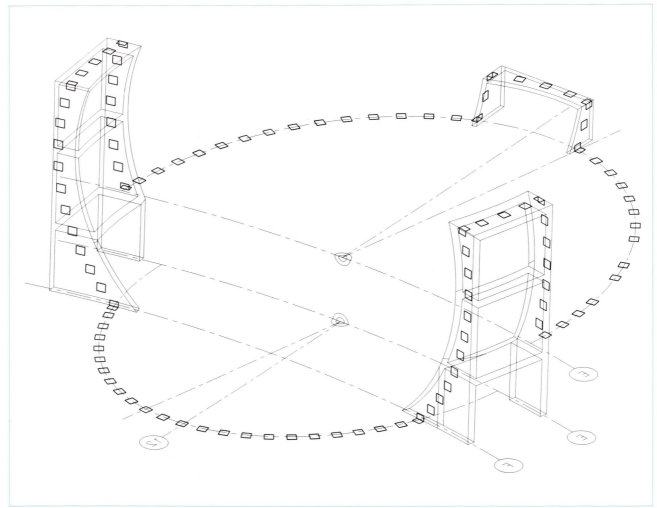

3-9 球体支座图

七、多种形式的屋面结构

上海科技馆建筑屋面面积大,有35000m²。建筑设计对屋面厚度有外观要求,结构设计难度很大。针对结构跨度大,柱网不规则,且结构高度不能完全按结构设计的合适跨高比设计,为此整个屋面采取多种结构形式,有四角锥平板式钢网架结构、钢管空间桁架、箱形截面钢梁等。

对较规则的A区,设计采用四角锥平板式钢网架结构,充分发挥其整体性好、刚度大以及施工简单之特点,做到经济、合理。

B区屋面跨度大,且中间开了一个大孔,使本来支承条件就不利的屋面结构,整体性更差。经过对三向网架结构和桁架结构比较,最终选用钢管空间桁架结构,使屋面结构上开孔比较容易地解决,且开孔大小、边缘位置结构限制相对减小。

C区屋面建筑设计复杂，有5个大天窗，部份屋面是玻璃天顶，不能暴露凌乱的结构杆件，以及对结构厚度也有相当的要求，很多部位结构高跨比只能做到1/25以下。针对各个部位不同的要求，采用了三种结构形式，分别为：四角锥平板式钢网架结构、钢管空间桁架、箱形截面钢梁。

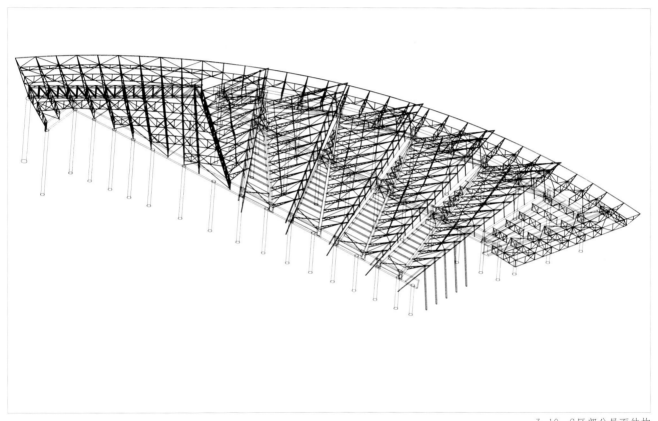

3-10 C区部分屋面结构

第二节 基础工程

一、工程概况

(一) 概述

本工程拟建场地位于上海浦东花木行政文化中心区，建筑平面呈扇形布置，地块北临地下商场和下沉式广场，其余圆弧侧面为待建的政环路。基地占地面积为68000m²，地块西北部有一条原水渠由南北方向穿过，建筑物横跨原水渠两侧。建筑物在原水渠的东面部分有一层地下室，西面部分无地下室，原水渠距东面建筑（主楼区）基坑净距7.2m，基坑的实际开挖深度为7.2m，局部深坑的最大开挖深度为10m，基坑面积为21400m²，土方量达190000m³，基坑围护主要采用无支撑自立式重力坝围护形式。

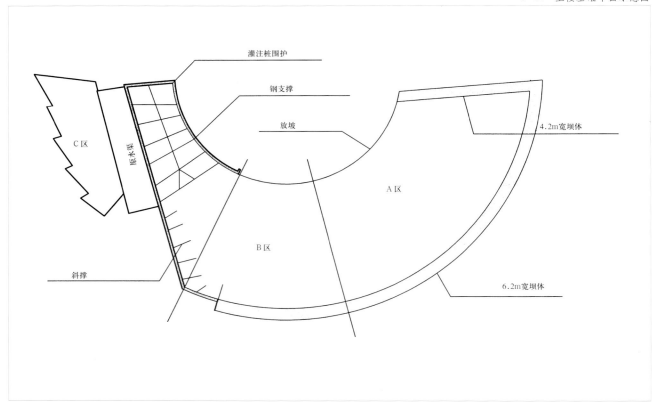

3-11 主楼基础平面示意图

(二) 原水渠概况

原水渠1987年建成并投入使用，它和浦西几百万人民的生活用水息息相关。管渠宽9.6m，高3.2m，采用钢筋混凝土箱涵结构，矩形三孔状，顶板和底板厚320mm，侧板壁厚280mm。管渠每隔25m设置伸缩缝，伸缩缝为橡胶止水带构造。管渠埋入自然地面下1.5m，直接卧在软土地基上。地基没有经过特殊处理，且受地下水包围，对变形极其敏感。

本工程施工前，由于周边地区已经开发，特别是杨高路地铁车站和地下商场的深基坑施工已对原水渠有较大扰动，加之原水渠接缝的橡胶止水带使用十余年，已经产生老化现象。在施工前的市府重大工程检查中已发现原水渠有多处渗漏现象。

原水渠保护要求：原水渠保护定为市府一级安全等级，其保护范围为管渠及其外缘两侧各10m内区域。在保护范围内堆载或卸载的限制为：一般堆载荷重应不超过8kpa，管渠上卸土应不超过0.5m，要严格控制渠道伸缩缝两侧的结构差异沉降不超过2.5mm，总沉降量不得大于10mm。

(三) 场地地质条件及其环境

1. 本工程建筑场地为农田，边缘地段有两条明沟（其中西北边缘段明浜已淤满，东南边缘段的明浜也基本填没），自然地形较为平坦。自然地面绝对标高一般在+3.5~4.4m左右（平均为+3.9m）。根据上海市标准《建筑抗震设计规程》，本工程建筑场地属于Ⅳ类场地。该场地15m深度范围内第二、三层有饱和砂质粉土夹粘质粉土分布，该层被判定为Ⅰ级液化土层。

2. 基地内原水管渠是上海人民生活用水的生命线，是市级重点保护的地下管线。基坑北面邻近地下商场，该商场在建造之中。商场的开挖深度近8m，采用灌注桩（排桩）围护，搅拌桩止水，设内支撑二道，中心岛开挖。

4. 各土层主要性能一览表

各土层主要性能一览表　　　　　　　　　　　　　　　　　　　　表3-1

层序	土层名称	层底标高(m)	层厚(m)	含水量(W)	重度(G)	孔隙比(e)	内摩	内聚力	压缩系数	压缩模量
①-1	耕、素填土	3.48～1.98	0.50～							
-2	暗浜(坑)填	1.54～0.55	2.40～							
②-1	褐黄色粉粘质	1.59～0.83	0.40～	34.3	19.5	0.988	22	20	0.41	8.87
-2	灰色粘质粉土夹粉质	0.64～-1.73	0.50～3.30	37.8	18.9	1.102	36	10	0.5	8.42
-3	灰色砂质粉土	-0.36～-3.65	1.00～	35.6	19.5	1.001	27	5	0.41	21.59
③	灰色淤泥质粉	-3.87～-5.66	1.00～	46.5	18	1.292	14	0	1.04	2.90
④	灰色淤泥质粘	-10.36～	6.00～	53.7	17.3	1.515	9	0	1.65	2.29
⑤-1	灰色粘土	-15.07～	3.10～	43.5	18.5	1.248	15	0	0.93	3.31
-2	灰色粉质粘土	-20.22～	2.80～	36.5	19	1.051	18	1	0.56	5.30
⑥-1	暗绿色粘土	-22.53～	1.50～	24	20.4	0.71	9	3	0.32	10.17
-2	草黄色粉质粘	-24.10～	0.90～	27.2	20.2	0.777	22	0	0.27	12.56
⑦-1	草黄色砂质粉	-28.83～	3.50～	28.9	20.4	0.826	28	5	0.28	11.44
-2	草黄色粉砂层	-35.42～	5.50～	29.4	20	0.837	28	2	0.25	15.46

3. 场地浅部土层中地下水属于潜水类型，其水位动态变化主要受控于大气降水、地面蒸发和附近河水位的变化，潜水位一般在0.5～1.0m之间。

二、工程特点及由此引出的攻关难题

(一) 工程特点

上海科技馆基础工程是上海的软土地基中单体开挖面积最大的深基坑之一。此工程的基坑具有以下几个显著特点：

1. 环境保护要求高

楼基坑西侧有一南北向贯穿的原水管渠，涉及上海市几百万市民饮用水问题。围护施工和基坑开挖对原水渠的保护将直接影响到原水渠安全和工程顺利施工。

2. 工程量大

工程基坑开挖深度达7.2m，基坑面积32400m^2，土方量达220000m^2。近320m长圆弧采用6.2m宽水泥土搅拌桩重力坝围护，基坑内局部加深深坑达9.4m，而且离水泥土围护2m，且距地下室仅50cm间距，因此水泥土围护的施工质量好与坏，将直接影响围护体变形和基坑安全。

3. 地质条件差

工程基坑规模属特大型，考虑到地质及周边环境情况，从安全和经济角度出发，需根据不同的地理环境选择不同的围护方式，确保整个基坑围护的安全与稳定。

4. 工期要求特别紧

本工程是上海市政府重点工程，合同要求1998年12月18日开工，至2000年6月一期展项交付布展，2001年6月底按合同范围竣工。从打桩至展项布展结束，总工期30个月。工作量大，工期非常紧。

(二) 攻关难题

1. 大面积深基础施工

在深基坑施工中，我们对基坑的围护和施工方案进行反复研究和论证，紧扣大面积深基坑的特点，针对不同的环境要求和施工需要，设计了6.2m宽、4.2m宽的两种水泥沙发土深层搅拌桩坝体，加上部分采用直径800mm钻孔灌注桩加两道钢支撑支护和部分大开挖的方式，使四种不同形式的支护方案在一个工程中综合运用，解决了深基础围护的难题。尤其是在靠原水渠一侧，通过跟踪监控的信息化手段和全部卸载的措施，优化了围护方案，使原设计的两道钢支撑改为一道，既确保了原水渠的安全，又降低了成本，缩短了工期。

2. 原水渠保护

面对保护要求非常高的原水渠和非常严峻的实际情况，工程施工要在原水渠保护区内进行。我们面临着两大难题：一是在原水渠保护区内进行深基坑施工；二是因APEC会议主会场建设的需要，要直接在原水渠上方施工混凝土梁板楼盖体系。因此，如何确保原水渠在施工过程中的安全就是我们重点研究的课题。面对原水渠保护的严峻课题，设计时把主楼基础沿原水渠分成两块，靠原水渠两侧改变桩型，并在屋面采用大跨度钢箱梁跨过原水渠，以减少施工对原水渠的影响。在深基础施工时靠原水渠一侧深坑局部设置内支撑支护，局部采用中心岛法施工技术。根据时空效应的理论和附加预应力的技术措施，加上跟踪注浆和信息化施工技术，确保了靠原水渠仅5m的深基础施工时原水渠的安全。在结构完成时，由于原水渠上方的设计休闲场地改作APEC主会场，结构设计上增加了大跨度梁板结构。为避免施工时对原水渠造成的破坏，我们充分研究原水渠的实际状况和产生的变化，分析了大曲率半径状况下，绝对沉降量和相对沉降的关系，从而采用荷载代换、主梁迭浇、逐步加载、信息指导等施工技术措施，顺利完成了原水渠上方增设的梁板结构，保证了原水渠的安全。

3. 地下室外墙防渗

上海科技馆地下室面积30000m^2，作为展馆的重要部分，设有球幕、巨幕影院等高科技的展项，使用功能要求地下室外墙板不允许产生有害裂缝和丝毫渗漏。该地下室层高7.2m，其600m长的地下室外墙不设变形缝，其中有300m是弧线型的，而且地下室外墙有1.2m高将暴露在室外地坪以上。

在以往的工程中，地下室外墙由于承受季节温差等多种作用的影响而产生拉应力，最终导致开裂、渗漏是很普遍的现象。在科技馆工程中，面对特殊的使用要求，针对地下室外墙裂缝和渗漏的通病，如何在许多科技工作者多年研究的基础上开拓一种新的技术来控制混凝土的裂缝，从而解决地下室渗漏的顽症痼疾，将是我们主要攻关的课题。

针对科技馆圆弧外墙不能设置变形缝，同时又要确保地下室外墙不因裂缝而渗漏的问题，通过反复研究，我们分析了混凝土收缩变形、温度变形的综合因素，以及裂缝发展的机理和抗裂防渗的措施。结合本工程特点，在研究了混凝土级配、水平钢筋的设置、混凝土密实性及混凝土养护要求等诸方面因素基础上,制定了"抗放兼备,以抗为主"的思路来防止有害裂缝的发生和发展。具体讲:"抗"就是对外墙施加预应力来抵抗混凝土的拉应力,"放"就是按照不超过100m为原则放置后浇带来释放收缩应力。

在此技术路线指导下,我们建立了合理的计算模型进行模拟现场条件下的应力计算,并对预应力钢筋布置、张拉时机、张拉顺序都制定了严密的方案,同时配合进行混凝土配比控制、浇捣和养护控制、非预应力钢筋的合理布置等措施。经过精心施工,经历近两个寒暑的考验,目前地下室没有发生渗漏问题。作为科研的一个重要组成部分,我们进行了长达8个月的跟踪测试,取得了详尽的数据。从测试数据来看,外墙正如我们所希望的那样施加了较为均匀的预应力,抵抗住了温度应力、混凝土收缩应力所产生的裂缝,有效地防止了外墙的渗漏,这项技术在科技馆地下室施工中取得了圆满成功。

三、技术方案设计

本工程是上海建筑史上基坑与原水渠紧靠延长度最长的工程之一。在技术方案上,我们决定从以下几个方面来考虑。

(一) 围护方案设计

1. 基坑围护工程的特点及不利条件

根据设计尺寸、场地相关土层情况和周围环境,该基坑工程具有"四大"特点,即:基坑长度大(外弧长边约320m)、开挖面积大(约29000m^2)、开挖深度较大(7.2m)、施工速度要求快。

另外此场地存在以下几点不利条件:

①结构边线距地下原水管渠7m,延长线约150m;北部距地下商场10m;外圆弧部位距地块红线26.5m。为确保原水渠(生命工程)的安全运行,要求渠道伸缩缝两侧结构最大差异位移控制在2.5mm以内,其围护工程的复杂性和难度是可想而知的。

②开挖深度范围内有透水性好、渗透系数较大的②—2,②—3层粉性土分布,其在水位差作用下易产生流砂现象。

③场地内与围护结构相关的③,④,⑤—1层为含水量较高、孔隙比大、抗剪强度低、压缩性高的软弱粘性土,这对基坑围护工程也很不利。

2. 基坑围护方案的选定

①基坑围护体系

根据上述工程情况、地质条件和基坑的特点,本工程围护设计按不同部位,选择不同的围护形式。基坑沿原水渠一侧采用搅拌桩阻水、钻孔灌注桩加二道钢管支撑挡土,以达到严格控制该侧围护墙体位移的目的。由于原水渠需重点保护,因此该侧灌注桩用ϕ800@950,桩长取进入第⑤—1层1.0m左右,搅拌桩体1200mm厚,桩长取进入第④层3.0~3.5m左右,另外在搅拌桩与灌注桩之间加压密注浆,其深度同搅拌桩,与水平支撑相对应;南面外圆弧部位和东北面靠地下商场一侧采用水泥土搅拌桩(重力坝)围护,坝体厚6200mm,部分4200mm。下沉式广场的其余部位采用放坡开挖,并设1200mm厚搅拌桩止水。

由于考虑到本基地第②、③层夹砂严重,给灌注桩的成孔带来一定的困难,故本工程围护灌注桩施工时注意防止桩孔扩大,影响排桩施打。

②支撑体系

本工程沿原水渠一侧的支撑体系采用钢管平撑和斜撑的形式。为增强围护桩的整体性,第一道围檩采用钢筋混凝土圈梁。第二层支撑的圈梁采用H型钢围檩,型号为 $2 \times H800 \times 300$。第一道支撑标高为+3.5m(绝对标高),第二道支撑标高为-0.6m。主支撑要求施加预应力,第一道支撑预应力施加60t/根,第二道支撑预应力施加120t/根,当围护测斜值达20mm时应复加预应力。

几种支撑形式及布置分区情况如下:

a. 基坑沿原水渠一侧采用二道钢管支撑、形式为平撑和斜撑两种。支撑间距控制在9.0m以内。斜撑的下支点(混凝土牛腿)布置于先期浇筑的基础底板上。

b. 基坑的南面圆弧部位和东北侧为无支撑自立式挡墙。挡墙顶面降低2.0m。

c. 基坑北面在下沉式广场部位采用放坡开挖。并在其坡中采用水泥土搅拌桩阻水(厚1200mm),以达到止水封闭作用。

③立柱桩

本工程围护的内支撑部位的工程桩为钻孔灌注桩,故采用在灌注桩内插入格构式型钢,作为立柱桩。

二、管渠保护技术方案

1. 紧靠原水渠侧围护方案设计选定

方案设计:要有效控制围护及原水渠在基坑开挖阶段和地下室结构施工阶段的位移变化,保证基坑围护的抗剪、止水要求,从而保护好原水渠和保证基坑安全。我们结合以往的工程实践,并针对地下室结构形状、基地情况及围护形式比较确定,原水渠侧基坑围护采用钻孔排桩挡土,深层搅拌桩止水帷幕(坑内支撑采用钢支撑)。为了提高围护止水效果,在搅拌桩止水帷幕与钻孔排桩间加设压密注浆加固,以确保坑外水土不流失,从而保证原水渠安全。为了加强整个围护整体性,围护顶部加设钢筋混凝土压顶梁。

针对基坑内靠原水渠侧有电梯井深坑等关键要点,我们采取钻孔排桩加深,深坑双液注浆加固,深坑内加设小型钢支撑,深坑周边采用加厚钢混凝土加强垫层,以保证基坑安全和原水渠安全。

2. 基坑开挖施工时对管渠保护的针对性措施

(1)基坑开挖严格按照分区分层开挖的原则,以严格控制围护变形,从而达到控制管渠的变形,确保原水渠安全。

(2)管渠侧基坑开挖施工严格按照围护设计要求和施工方案、施工流程进行,并严格遵守先撑后挖,严禁超挖,支撑、垫层施工紧跟,注重时空效应要求进行。

(3)开挖施工过程中,对围护可能发生的渗漏进行跟踪观察,堵漏队伍24小时现场跟踪,做到随挖随堵,确保坑外水土不流失,控制围护及管渠变形。

(4)施工监测24小时跟踪监测,重点部位重点监测,发现异常及时反馈并增加监测频率,及时召开管渠保护领导小组会议,研究商讨解决措施。

(5)制定管渠保护跟踪注浆应急抢救措施,并在开挖前做好应急措施的落实及前期预埋管和顶部封闭浆等工作的实施。

三、原水渠上结构施工技术方案

原水渠上初始方案是种植花草,设计成空旷通透的休闲场所,屋面结构采用大跨度箱梁横跨原水渠。在原水渠两侧结构基本完成时,上海科技馆被确定为2001年APEC会议的主会场之一,位于原水渠上的休闲场所将改成APEC会议主会场,因此须在原水渠上部新增设架空钢筋混凝土梁板。

原水渠上架空混凝土梁板板厚150mm,局部250mm;——主梁截面1600×500mm,跨度16.5m;在距原水渠两侧各3m处加打钻孔灌注桩,桩距2.4m,每二根桩架一主梁,中间次梁上有现浇板;原水渠管渠接头部位设计成现浇梁搁置预应力空心板。

1.原水渠上结构方案确定

(1)因原水渠保护区的建筑使用功能需调整,所以结合原水渠两侧结构已完成的现状和对原水渠保护的要求,提出两种结构方案:

方案一:采取轻质材料置换的方案,将原水渠上方荷载按"等量替换"的原则控制,局部打设钻孔灌注桩。

方案二:采用架空梁板加工程桩方案。原水渠上方荷载通过架空梁板传递给工程桩,再由工程桩传递到深部持力层,工程桩采用钻孔灌注桩,设置在原水渠两侧3m附近。

(2)方案比较

方案一:原水渠上的使用荷载是不定因素,而且原水渠上部荷载总归要传递至原水渠顶。在使用期间,原水渠沉降变形难以控制,同时也需部分打桩。

方案二:原水渠上允许附加荷载的幅度大,且可直接将荷载传递至深层持力层中。在使用期间,原水渠沉降变形可以控制,但施工时的荷载可能对原水渠影响较大。

(3)方案确定

经专家讨论:方案二比较稳妥,其对原水渠长远保护有利,但要求在施工期间采取足够可靠的措施来控制原水渠的变形。

2.原水渠上结构施工特点及难点

(1)原水渠对变形极其敏感,所以原水渠保护要求非常高。在施工过程中,在原水渠保护范围内打桩、堆载、卸载控制特别严。

(2)由于前期施工,原水渠累计沉降接近警戒值,如何在后期施工中控制原水渠的沉降又是一大难点。

(3)设计采用架空梁板目的是将使用荷载跳过原水渠传递到两侧工程桩上,而施工过程中,架空板的结构自重和施工荷载如何合理传递是一大难题。

(4)在原水渠两侧边缘3m处打设钻孔灌注桩,而原水渠两侧边缘的保护范围为10m,如何安全施工又是一大难题。

(5)原水渠上方要求均匀对称加载(特别是管渠接口处),如何卸土、搭设排架和浇筑混凝土结构也是一个施工难点。

(6) 由于 APEC 会议日程已定，完成原水渠上结构任务非常紧。从工程桩施工到结构浇捣完成仅 80 天，工期非常紧。

3. 施工方法及技术措施

(1) 总体设想

由于原水渠保护要求特别高，因此在原水渠上施工时须采取针对性措施来满足原水渠的安全要求。

① 桩阶段：原水渠两侧必须同步对称钻孔成桩，原水渠同侧必须间隔成桩。成桩速度和成桩间隔须根据监测数据分析结果及时调整。

② 卸土：采用人工卸土，开挖时保持前后左右卸土平衡。

③ 结构梁板施工：结构梁板施工对原水渠影响最大，因此采用叠合梁构造方式施工，分摊施加在原水渠上的荷载，以取得对原水渠加荷的最小值。第一次浇捣采取先浇捣原水渠两侧梁板混凝土，混凝土自重形成对原水渠两侧土体的约束力，浇捣原水渠上一半高大梁以减少原水渠上荷载。第二次浇捣前拆除跨越原水渠上大梁排架，利用先浇的 750mm 高混凝土梁承受后浇的混凝土梁自重。混凝土浇捣时，保持布料均匀对称，同时加强监测，根据监测数据，信息化指导施工。

④ 施工流程

坡角填砂平整→定桩位、打设钻孔灌注桩→桩承台施工→原水渠上卸土→浇筑混凝土垫层→搭设排架、扎主梁铁、封模→第一次浇捣主梁混凝土→养护至设计强度→拆除主梁排架→扎板、次梁铁→第二次浇捣混凝土→养护至设计强度→拆除排架、模板→预制空心板安装。

四、方案实施

(一) 围护设计方案优化

1. 本工程的围护方案实施过程中，同时也在不断地对原选定的方案进行优化设计。针对本工程的实际情况，我们对原设计方案反复进行分析和讨论，共同确认了几个原则：

(1) 由于本工程规模属特大型，因此有必要根据不同的地理环境，选择不同的围护方式，它将有效地节约围护工程的费用。

(2) 由于本工程有原水渠需重点保护，因此采用分段开挖，把大基坑化成若干中型（或小型）基坑，减小基坑开挖过程中的时空效应有利于整个基坑围护的安全与稳定。

(3) 由于弧形段的搅拌桩坝体属特长坝体，有必要进一步复核其坝体的拱力和坝体的变形。

(4) 由于沿原水渠一侧、原水渠顶部不允许有施工荷载，这将对二道支撑条件下的开挖带来极大的困难，宜修改成在一道内支撑条件下进行开挖。

2. 根据上述原则，围护方案作了下列几项优化工作：

(1) 针对弧形段坝体特别长，并有一定圆拱度的特点，在围护的设计过程采取两点相应的措施：第一是在坝体拱脚处采用密集型搅拌桩，以提高拱脚的抗压能力。第二是在搅拌桩坝体的外侧布置了若干应急降水井，以便必要时降低坑外的地下水位，减小对坝体的主动土压力。

(2) 为在原水渠一侧减少一道内支撑，我们进行了多种方案的比较。主要对如下三种修改方案进行比较：

方案一、第一道支撑采用平拉锚，保留原方案的第二道内支撑。

方案二、暴露原水渠（即原水渠两侧及顶部土体预先挖掉）保留原方案的第二道内支撑。

方案三、半暴露原水渠（即挖掉原水渠两侧及顶部的部分土体），基本保留原方案的第二道内支撑。

3．通过分析比较，上述方案主要有如下优缺点：

方案一的优点是：平拉锚的工艺成熟，只要在安装平拉锚时适当施加预应力，控制拉锚钢筋的伸长值，就可以达到原方案的支护效果。缺点是：由于原水渠宽10m，原水渠两侧保护区各10m，拉锚距离比较长，锚桩布置场地不大容易满足，而且锚桩和拉筋的费用都比较大。

方案二的优点是：原水渠暴露后，施工过程中发生的变形，可以得到非常直观的监测，并可进行有效的保护，同时可以结合解决原水渠在建筑物内的长远保护措施。另外，土体挖掉后等于坑外卸土，保留原方案的第二道支撑，足以达到原方案的支护效果。缺点是：土方开挖量比较大，对原水渠（埋在土体内）原有的平衡影响也比较大，因此开挖过程中有风险。

方案三的优点是：土方开挖量较小，基本维持原水渠（埋在地体内）原有的平衡条件，适当调整原方案第二道支撑的标高，取消第一道支撑是可能的。缺点是：原方案第二道支撑的标高需作适当调整，围护桩体的受力有些变化，局部位置的土体内外平衡处理要求较高。

综合比较上述三个方案后认为：方案一是可行的，但由于场地条件的限制，且费用较大不予采用。方案二由于考虑到筹建单位尚无明确的原水渠长远保护措施的设想，故认为全部暴露原水渠的方案也不妥。最后选定方案三进行深化设计。

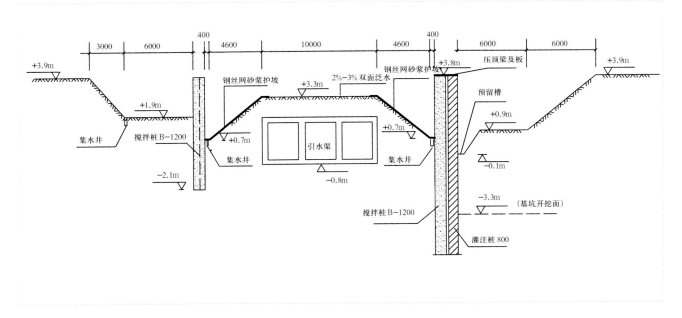

3—12 方案三的主要深化设计图

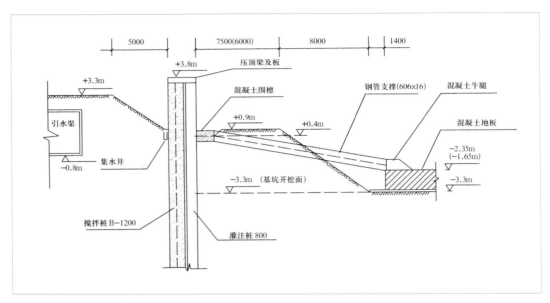

(二) 围护体施工

根据本工程特点对围护体施工重要性自上而下都达成统一认识，必须严格按照围护设计和施工要求精心施工，围护施工质量的保证是确保下道工序以及基坑开挖和管渠保护要求的前提。具体实施情况如下：

1. 排桩围护施工

出于保护管渠需要，紧靠管渠侧的围护采用排桩挡土，深层搅拌桩止水帷幕，内设钢支撑形式。因此，围护质量的重要性也可见一斑，为此，我们从排桩定位这第一关开始严把各工序关，并且针对本工程土层特点，我们通过调整泥浆比重控制成孔孔径。由于严把质量关，施工过程中无一质量隐患存在，基坑开挖暴露后无一露筋夹泥渗水等现象，同时搅拌桩帷幕施工我们采用跳打、安全时间间隔等措施有效控制管渠变形，确保管渠安全和围护质量。

2. 围护搅拌桩（重力坝）施工

(1) 施工工艺

根据本工程的重要性及搅拌桩水泥掺量（13%），我们确定了二喷三搅施工工艺。即：桩位验收合格→桩架就位复核→一搅下沉→提升喷浆→二搅下沉→提升喷浆→下沉复搅→提升复搅→移机。

(2) 管理措施

① 召集管理人员、施工人员进行一级、二级技术交底，施工质量要求交底，使管理人员、施工人员明确水泥土围护质量的意义。为保证质量，工序措施得到落实，建立旁站式的监控措施，在前、后台派专人监控操作人员是否按质量要求进行施工，如发现不符合要求的操作行为立即阻止。监控人员根据桩位图记录每台搅拌机的完成数量，做到完成一根记录一根，不重复，不遗漏。

② 设备验收。设备进场后，在组装之前就验收其机械的桩架高度、钻杆长度、钻头直径是否满足设计要求，如不符合要求经整改后，再次验收才能组装。杆长长度大于桩长，桩

头直径＞70cm，满足20cm搭接，实际搅拌刀直径≥75cm。标高控制在桩架上定刻度使钻头上行、下行的标高明显地标在桩架上，能让监控人员、监理检查复核，使隐蔽工程变为不隐蔽。垂直度控制在桩架上挂显示挂线，在X·Y方向观测，桩架和显示挂线平行，这样就符合规程中1%垂直度要求。搅拌上、下行搅拌提升速度为45cm/min，小于规程中规定的50cm/min。

③ 后台浆液质量控制。后台拌制水泥浆液的质量好坏是水泥土搅拌桩质量的关键之一。首先测量拌浆筒的容积，按其容积根据水泥浆设计水灰比决定每搅拌筒放置多少包水泥，在后台挂牌，上面写明水灰比，每筒拌浆时所放水泥包数，每根需放多少搅拌筒水泥浆，这样让操作人员和监控人员都能明确及正确操作及监督。

④ 根据设计水泥掺量13%计算出单桩水泥用量和每天台班产量的水泥用量，当日核对，这样4300根水泥搅拌桩的水泥用量符合设计的水泥总用量。

(3) 施工工序质量控制

建立旁站式监控，8台搅拌机派8人专门监督搅拌机操作人员和后台制、供浆人员的操作，如发现不符合质量要求的行为立即阻止。机架移位时，在移动的方向每1m设定一个记号，并插上竹桩，钻头中心对准竹桩中心，经核对后才能开钻。严格控制垂直度，当桩架的显示挂线X·Y方向和机架平行才能开钻。钻头上、下移动是否达到设计标高以钻杆动力箱底为移动标志线，当动力箱箱底和桩架上按设计的桩顶、桩底标高线重合时，说明搅拌标高或喷浆标高符合要求，监控人员根据钻杆上、下的次数如实记录。后台供浆及时，供浆量都在监控人员的严密控制下，如果供浆量偏少，则要求再次补浆，做到宁多勿少。当水泥搅拌桩完成后按设计插毛竹或钢筋，如果按规定插完毛竹，并达到设计标高，就在桩号图上进行记录。为了保证毛竹要插到设计标高，同样在桩架上做好插毛竹的标高记号，从而确保插毛竹的质量。

(4) 检验与试验

进入施工现场的水泥按规定做复试，待复试合格，报告到施工现场经监理核证后才能用于水泥土搅拌桩中。在施工现场为了避免未经试验的水泥混用，按贯标质量管理的要求在水泥库中挂牌，标明数量、进库日期。水泥土搅拌桩每台搅拌机按规定每台班做试块，编号拆模后放置到标准养护室养护，并按规定送到试验室做试验。

(5) 其他措施

施工中不可避免发生机械故障或其他原因造成停机，故而造成水泥土搅拌桩"冷接头"（即搭接时间超过规定时间，科技馆工程定为24小时），为此在接头处采取压密注浆的方法对该薄弱部位进行加固处理。

(三) 原水渠保护技术方案实施

1. 原水渠顶部及两侧卸载开挖

由于对本工程的特殊性、重要性有足够的认识，原水渠顶部、两侧卸载开挖放在最重要的位置。在施工准备阶段每个施工单位（班组）进驻现场，均进行了原水渠保护专题交底，并根据施工单位（班组）具体施工内容进行针对性技术、安全交底。交底前，由项目部项目工程师、项目技术主管对原水渠顶部两侧卸载开挖施工方案组织了专门学习，让所有参与的人员了解方案并掌握自己施工范围的针对性内容,做到心中有数并了解相应的注意事项、施工纪律等。开挖前严格按施工要求做好测量放样及安全标志、控制标志等。对整个管渠监测系统进行系统测试形成卸载前数据。

① 原水渠顶部开挖(0.6m厚)采用人工开挖并水平运输至指定临时堆土点,并由施工员、监控员严格监控验收,施工流程由北向南。两端头坡顶均离施工缝2m,施工缝处前后对称开挖。

② 为控制围护变形、确保管渠安全,原水渠两侧卸载开挖需对称同步进行,保证卸载平衡,故坑外卸载必须与坑内局部挖土同步,对称进行,即原水渠侧围护两侧开挖对称同步进行。整个开挖必须做到三个平衡、四个同步、两个紧跟。三个平衡是指搅拌桩隔离带两侧平衡,管渠两侧平衡,基坑围护两侧平衡。四个同步是指作业线Ⅰ与Ⅱ同步,Ⅱ与Ⅲ同步,Ⅲ与Ⅳ同步,Ⅳ与Ⅰ同步。二个紧跟是指开挖过程中斜坡护坡施工紧跟、排水系统施工紧跟。

整个管渠两侧卸载开挖采用两块作业区域、四条作业线由北向南对称同步开挖(见开挖示意图),开挖坡度≤1:1,开挖区域从纵向(南北向)每1m设一条基准控制线。开挖过程中派专人(4人)监控,真正做到对称同步开挖,对应作业线错开位置不得大于1m,每一块作业区两台挖机错开一台挖机距离(即作业线Ⅰ与Ⅱ,Ⅲ与Ⅳ),避免挖机回转碰撞。

管渠两侧土方开挖采用各一台$1m^3$挖机一次开挖,并开挖对应作业线的第一层2m厚土方,保持围护和搅拌桩隔离带两侧的土方高差不大于1.2m,开挖至施工缝处相应减慢开挖速度,监测单位采取旁站监测,监测结果均正常。

整个开挖过程中,每天收尾均避开施工缝,坡脚或坡顶距离施工缝不小于6m,边坡坡度<1:2。在实施过程中,由于土方外运时间限制,发生收尾位置不满足安全距离,故采用场内短驳土方,卸至场内指定地点以满足上述收尾要求,并由监控员、施工员严格验收,确保每天收尾工作。开挖过程中,监测工作项目部派专人对口,及时掌握监测情况,协调各方面配合事宜。每天上午8时项经部从项目经理到具体操作人员一起开会,进行前一天施工情况小结,每天工作的安排落实,确保卸载开挖安全、顺利进行,并且每周三下午召开管渠保护领导小组例会,总结一周来总体情况及管渠监测、围护监测数据,分析管渠、围护变形的走势,制订下一步的实施步骤,明确有关注意事项,按会议上确定的内容一一落实,使整个开挖有条不紊,安全、顺利进行。

2.原水渠侧基坑开挖

根据优化方案,该区域由二道支撑改为一道支撑为土方开挖创造了条件,同时也减少了基坑的暴露时间。开挖前做好堵漏,应急跟踪注浆等准备工作(包括人员、设备、材料等),在开挖过程中严格按施工组织设计要求进行,做到先撑后挖,分层开挖,严禁超挖的挖土原则,并在实施过程中注重时空效应,支撑及时安装施工、截桩、人工扦土、垫层施工、桩位偏差测量等紧跟其后,为桩基最快速度验收创造条件。同时在开挖过程中根据监测数据做到信息化施工,随时掌握施工节奏和管渠、围护变形情况,最终使原水渠和围护变形,支撑轴力等都控制在设计范围内,确保了基坑稳定和原水渠安全。

3.原水渠保护应急跟踪注浆、试注浆实验介绍

根据原水渠保护应急跟踪注浆施工方案,在原水渠侧基坑开挖前先行进行了注浆孔埋设,

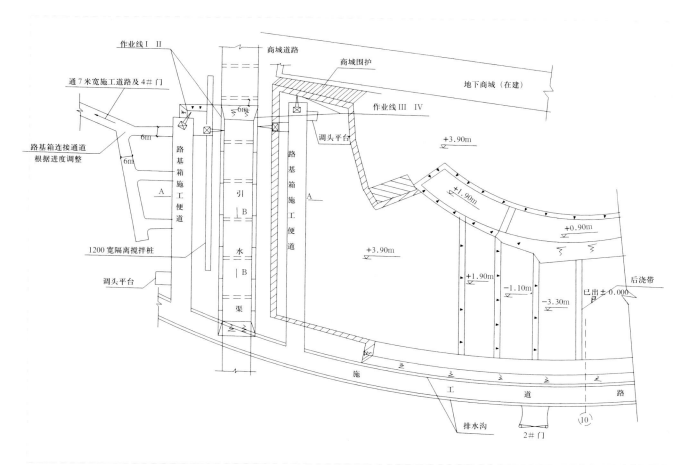

3-14 管渠两侧卸载开挖平面布置图

并进行了封顶注浆。开挖一段时间后，根据管渠监测数据与设想相符，开挖段普遍略有下沉。为检验应急跟踪注浆方案与实际效果，以备万一之需，经管渠保护领导小组研究决定进行应急跟踪注浆试验，故在下沉量略大的北端头管渠伸缩缝处进行了试注浆。试注浆采用两条作业线在伸缩缝两侧对称同步进行（跳孔），在实施中严格按方案确定的技术参数配制浆液及注浆量，监测单位现场同步监测，根据监测数据掌握调整施工节奏，根据会议确定的回弹变形控制在3mm以内。由于管渠变形对注浆非常敏感，试注浆共进行了三次计18个孔次。

对管渠回弹变形控制有了一定的经验，注浆时回弹较明显，过了若干时间，即有所下沉，如此反复，注浆对管渠回弹取得一定的效果。由于管渠水平位移很稳定，本工程未进行管渠水平位移变形试注浆。

4. 原水渠上结构施工

(1) 原水渠保护区内钻孔灌注桩施工

① 施工原则

原水渠两侧必须同步对称钻孔成桩，原水渠同侧必须间隔成桩，成桩机械必须满足施加在原水渠上的荷载 ≤ 8 kN/m²，同时禁止其他大型设备上原水渠。

② 施工准备

抽干斜坡内积水，定出所有桩位，砌筑泥浆循环池。

凿平东部高于地面的围护桩，用黄砂填平斜坡，铺设路基箱板。

准备两台GPS-300成桩机，一台16t汽车吊（停放在C2区内辅助施工），10辆手推车（运送场外混凝土至浇筑点）等设备。

请监测单位在钻孔成桩前对原水渠监测。

③ 钻孔灌注桩施工

工程测量：根据业主提供的控制点放桩位并验收，做好控制点保护；对原水渠伸缩缝两侧观测点测量起始数据，并做好记录，注意沉降变化。

护筒埋设：由于钻孔灌注桩桩顶标高高出地面，则采用$\phi 800$水泥管做护筒，灌注混凝土后护筒保留不拔除，埋设的护筒校正后用钢管固定，保证孔位准确及护筒垂直。

钻孔：钻孔用泥浆除第一根桩需另备泥浆外，以后为原土造浆，泥浆比重控制在1.15～1.30，钻孔钻压为钻具自重，转速70r/min。

钢筋笼安装：钢筋笼在场外分节制作好并做好标识后，人工抬至孔边，由钻架自吊安装。

水下混凝土灌注：混凝土由人工用手推车运至孔边进行灌注，初灌量大于$1.3m^3$，控制导管埋深3～10m，混凝土须翻出护口管管口，翻清见到清晰混凝土，灌注过程中注意不扰动护筒，保证护筒的垂直度，灌注结束后护筒保留不拔除，同时做好混凝土试块。

钻孔、钢筋笼运输安装、两次清孔、水下混凝土施工等，是影响原水渠变形的主要工序，因此必须严格控制各施工工序的参数。在每道工序结束后，及时分析监测数据，根据监测数据调整沉桩速度、沉桩流程，从而保证在工程桩施工期间原水渠的安全。

(2) 原水渠上架空梁板施工方法

① 施工保护措施

原水渠结构施工阶段，在集团领导和有关专家的指导下，经过反复讨论，采取下列措施来保证新增荷载下的原水渠的安全。

卸载：卸去原水渠顶300mm厚土体，同时浇捣100mm混凝土垫层，一方面为下阶段结构施工创造条件，另一方面提前减少原水渠上方的荷载，有利于控制原水渠后期施工中的沉降量。

采用叠合梁构造方式施工：根据原水渠上部结构形式特征，采用叠合梁构造方式取得对原水渠加荷的最小值，以尽量减少因施工引起的荷载对原水渠沉降的影响，有力的控制施工过程中原水渠的变形。具体的施工方法是：将原一次浇捣的大梁分二次浇捣，第一次浇捣至梁底750mm高度，待混凝土强度达到设计标高后拆除梁底排架。第二次利用先浇的结构承受后浇的混凝土荷载，叠浇余下部分混凝土。

加强监测：在混凝土浇捣期间，要求2min测一次，浇捣完成后，每4min测一次，连续监测一周。并且在原水渠施工区域外的南北两端各增加50m的监测范围，并按照监测要求增加监测点。依据监测数据信息化指导施工，以防止在施工区域内外产生变形拐点和沉降突变点。

应急措施：加荷。考虑到在原水渠上施工可能会造成施工区域内外的原水渠沉降突变。因此，根据监测信息，在施工区域外南端铺压钢走道板，在施工区域外北端堆压黄砂，以尽

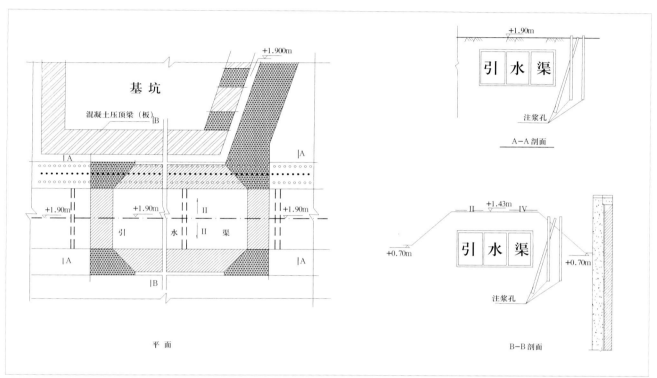

3-15 注浆孔布置图

可能保持原水渠施工区域内外加载平衡，减少差异沉降。

② 原水渠上卸土施工

卸土原则：采用人工开挖卸土，开挖时注意保持前后卸土的进度一致，左右卸土的深度一致，管渠接口处同时对称均匀卸土。

卸土方法：做好卸土前施工准备，落实挖土设备，制定卸土方案，提请监测单位做好开挖前的监测数据。

从原水管中间向两端卸土。卸土人员必须前后同步、左右对称卸土，挖土深度一致。在管渠接口处，前后两管渠必须同时对称均匀卸土，卸土人员作业线最大错开距离小于1.0m，同时混凝土垫层应及时跟上浇筑。

挖土时，须严格控制卸土标高，不得超挖。垫层施工时，间隔3m做好标高控制杆，以保证垫层标高正确。

整个卸载过程需监测单位跟踪监测，每4分钟监测一次，根据监测数据调整卸土速度，避免原水渠变形沉降或隆起。

③ 原水渠上结构施工

原水渠上结构施工工况：为保护原水渠安全，原水渠上结构分三个施工工况：第一施工工况为混凝土垫层、支撑排架、模板、主梁钢筋施工；第二施工工况为DL1、DL3、DL4及其上现浇板，DL2及原水渠两端大梁的自底向上750mm部分的钢筋混凝土施工；第三施工工况为DL2及原水渠两端大梁的未浇筑部分和与它们连接的楼板部分的钢筋混凝土施工。

3-16 梁钢筋绑扎好,模板和排架完成工况图

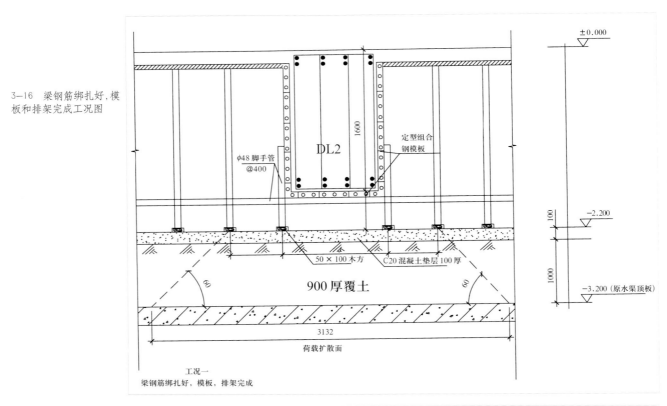

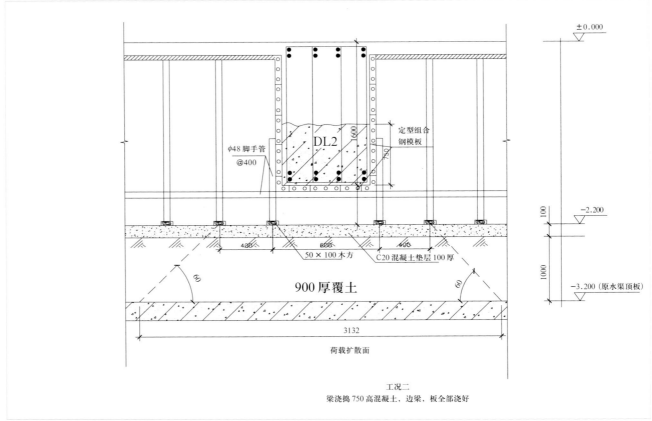

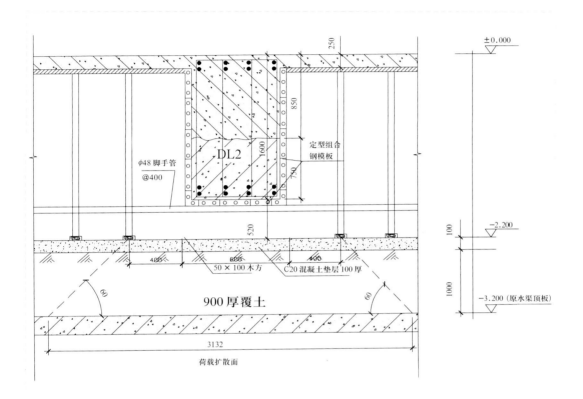

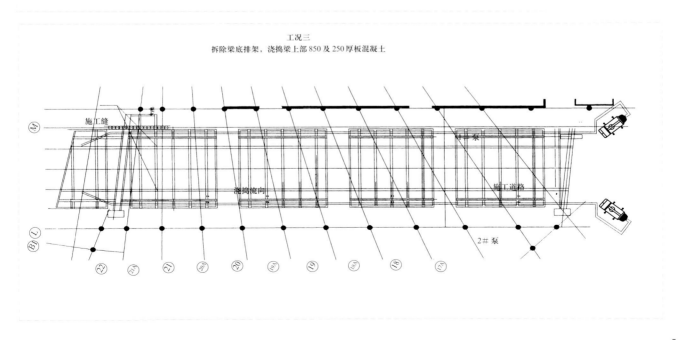

工况三
拆除梁底排架，浇捣梁上部850及250厚板混凝土

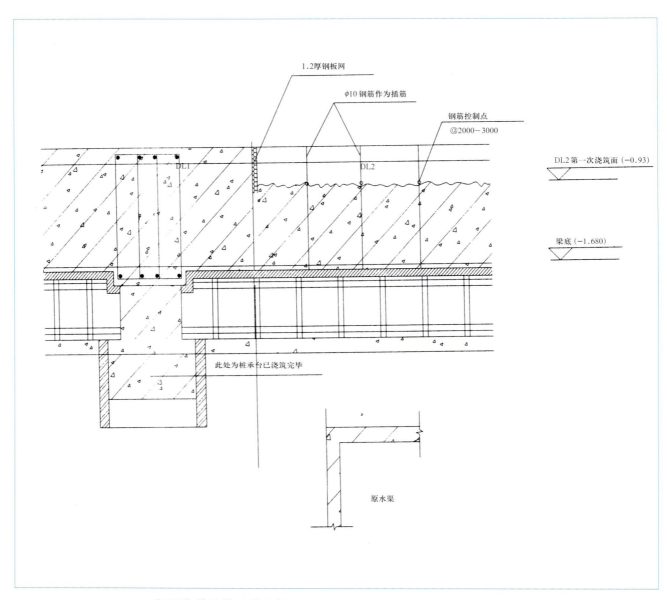

新增荷载计算及其分析：

荷载计算：

(线荷载)　　梁钢筋　　　　　　　　　　　　　　　　2500 N/m
　　　　　　模　板　　　　　　　　　　　　　　　　1442 N/m
　　　　　　排　架　　　　　　　　　　　　　　　　1680 N/m
　　　　　　扣　件　　　　　　　　　　　　　　　　 574 N/m
　　　　　　小　计　　　　　　　　　　　　　　　　6196 N/m
传至原水渠顶每 m^2　　　　　　　　　　　　6196/3.132=1978 N/m^2

已浇筑100mm厚C20混凝土垫层　　　　　　　　　　　　　2500 N/m²
原水渠顶荷载　　　　　　　　　　　　　　　　　　　　　4478 N/m²
增加750mm高度混凝土自重　　　　25000×0.75×0.5=9375 N/m²
减去钢筋重　　　　　　　　　　　　　　　　　　　　　　2083 N/m²
增加荷载　　　　　　　　　　　　　　　　　　　　　　　7292 N/m²
传至原水渠顶的每m²荷载：　　　　　　　7292/3.132=2328 N/m²
工况二增加的荷载是工况一的倍数：　　　　　　　　　　2328/4478=49%
梁的上部850mm厚混凝土荷载有其底部750mm梁传至边梁的桩承载。
板的荷载传至原水渠单位面积荷载：　　25000×0.25×0.75=4688 N/m²
增加的荷载是工况一荷载的倍数：　　　　　　　　　　4688/4478=104.7%

新增荷载引起的原水渠沉降分析：

根据专家提出的管渠纵向均匀变形半径大于150000m时，对原水渠管渠安全没有影响。因此，通过计算得出，原水渠中部累计沉降小于20mm时原水渠安全。提请原水渠专家讨论后决定：原水渠中部累计沉降控制在15mm以内。

依据专家提出的管渠垂直变形为线性变形的假定，估算原水渠沉降：

原水渠上已经有因排架、模板、钢筋等累加的荷载为4478 N/m²，引起的沉降增量为1～2mm。

第一次浇捣750mm高主梁（加荷2649 N/m²）而引起的沉降增量及第二次浇捣余下结构（加荷4688 N/m²）而引起的沉降增量见图：

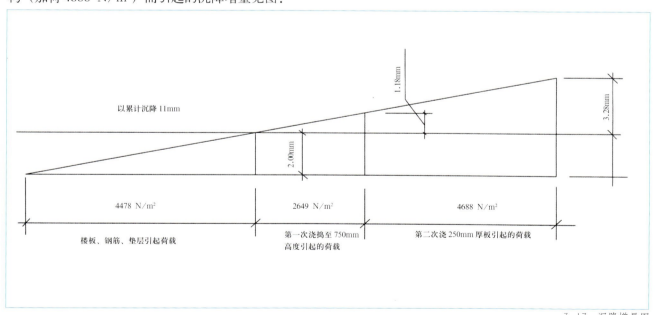

3—17　沉降增量图

经过分二次浇捣后，原水渠可能将会引起3mm左右新的沉降量。此估算结果满足原水渠保护要求，且具有一定的安全系数。

排架设计及施工：

为保证原水渠受压均匀，在支撑排架下铺放刚性统长木方；大梁底排架间距为@400，150mm厚板底排架间距为@800，250mm厚板底排架间距为@750。

为确保排架刚度，顺排架横向每仓设一道剪刀撑，顺排架纵向设三道剪刀撑，排架须按常规设置扫地杆和纵横水平牵杆。

大梁排架在搭设过程中须满足跨中0.1%的起拱要求。

模板施工：

结构平台板底模采用九夹板，对进场模板检验质量，要求完好、平整、无洞。

梁采用组合钢模板，散装散拼。

原水渠上结构与C1、C2区已完成结构有50mm间隙，采用聚苯乙烯板隔离做模。

梁叠浇处施工缝采用双层钢板网隔断。

由于施工人员需进入底仓拆除排架、模板，因此在每仓结构板预留1000×1000mm孔洞，待模板拆除后补浇。

原水渠上结构混凝土浇捣：

根据时空效应，原水渠加荷越慢、越均匀，变形越小。因此控制混凝土配合比，制定科学的浇捣方法和浇捣顺序是保证原水渠安全的前提。

混凝土采用粒径5~25mm的石子，525#矿渣硅酸盐水泥，坍落度为15±1cm，混凝土初凝时间为6小时，以便尽可能缓慢、均匀加荷。

为减轻商品混凝土在泵送过程中对原水渠的冲击荷载，保证混凝土浇捣对称均匀进行，在原水渠外侧布置二路硬管同时布料。

第一次混凝土浇捣前，在离梁底750mm处，每隔3m横穿一根刷有红漆的钢筋，此钢筋作为第一次混凝土浇捣时的控制点，以保证加在原水渠上荷载不超过设计值。

混凝土浇捣采取从原水渠两侧向内同时对称浇捣，浇捣时注意布料均匀、摊铺及时。特别在管渠接口处，前后两管渠须同时对称浇捣，以保证接口管处压力平衡，避免管渠口沉降突变。

考虑到原水渠上结构分二次浇捣必将延长部分工期，因此采取提高混凝土标号以尽快达到混凝土设计强度，从而加快了叠浇梁的拆排架进度和预制板的安装进度，尽可能的缩短此部分施工的工期。

由原设计标号C40提高至C50，增加同条件养护试块3组。

成立临时指挥小组，加强对各施工单位的协调管理。加强施工期间的监测频率，依据监测数据信息化指导施工。

五、实施效果

1．围护方案设计及优化都经过充分讨论、论证、专家评审，施工组织设计经过严格审批，通过工程实施证明围护方案和施工组织设计是成功的。

2．由于各方重视，措施的落实到位，整个基坑围护施工和开挖及换撑拆撑阶段，围护变形和原水渠的变形都在受控范围，围护体顶部位移基本与围护设计要求的控制值相近。管渠侧围护变形控制值2cm，实测值2.3cm，重力坝变形控制值7cm，实测值11cm。原水渠位移控制值10mm，实测值9.87mm(沉降)、6mm(水平)，差异沉降和水平位移互差值在2.5mm以内，从上述监测数据可看出，工程施工是成功的。

3．基坑开挖后对围护体最后跟踪观察、验收，无论从钻孔排桩的外观、垂直度、桩间距及围帷止水效果都良好，受到业主、监理、总承包一致好评，从而也保证了管渠安全。从这一分项施工上分析，只要加强管理，专人监控，严格按围护设计要求和施工组织设计施工绝对能保证质量。只有保证了质量，安全才有保障。

4．原水渠顶部及两侧卸载开挖及减少支撑的优化方案是成功的。由于卸载开挖时严格遵循了三个对称四同步二个紧跟，使卸载开挖保持了原水渠原有平衡，也为基坑开挖提供了便利，加快基坑开挖速度，减短基坑暴露时间，使原水渠安全保护有了进一步的保障，同时也节约了工程造价和工期。

5．施工监测是基坑开挖环境保护的必要手段。本工程监测虽是业主指定的单位，但由于我公司专人对口，互相商讨监测方案，重视监测数据信息反馈(监测资料及时上墙、分析，跟踪监测时一同在现场)，再加上定期召开管渠保护领导小组会议，使施工监测这一"眼睛"工作做得及时有效，为本工程施工真正做到信息化施工创造了有利条件。本工程顺利安全完成，监测工作起到了不可估量的作用。

6．由于本工程基坑开挖涉及原水渠延长度长达150m，而且距离很近，同时管线较陈旧。为生命线负责，制定管渠保护跟踪注浆措施是必要的。通过试注浆试验说明方案是可行的，同时也表明管渠对注浆等外来影响相当敏感，须有效地控制施工技术参数。由于试注浆数量不多，尚需进一步摸索，但在注浆过程中跟踪监测、隔孔注浆等措施是必要的，应根据监测数据进行信息化施工。

7．开挖施工必须遵守相关原则，施工前应准备工作充分，各道工序合理安排，上下工序紧凑，注重时空效应。尤其是基坑开挖最后阶段(最后一层土)，截桩、垫层施工须紧跟，桩基验收准备工作要会同总包和甲方及时进行桩基验收，并且协调总包抓紧底板施工，尽最大可能减少基坑暴露时间，以确保基坑稳定和周围环境安全。

8．原水渠上结构施工实施效果

(1) 在原水渠上结构开始施工之前，监测数据变化较小，原水渠趋于稳定，累计沉降稳定在$-7\sim8$mm之间。

(2) 在原水渠边新增的工程桩施工期间，原水渠先向上隆起1mm左右，根据监测信息及时调整施工速度及顺序，然后原水渠缓慢下沉，至工程桩施工结束，原水渠累计下沉$1\sim2$mm，基本保持稳定。

(3) 在原水渠结构施工期间，排架、模板、钢筋加荷后，原水渠沉降增量$1\sim2$mm，根据监测数据及时调整浇捣方案，采取叠合梁构造方式施工。经估算，第一次浇捣完成后原水渠(加荷2649 N/m^2) 沉降1.2mm。第二次浇捣完成后原水渠(加荷4688 N/m^2) 沉降3.2mm，满足原水渠保护要求。经实测：第一次浇捣完成后沉降1.3mm，第二次浇捣完成后沉降2.5mm。实测与估算基本相符，控制在允许变形范围内。

(4) 监测数据分析

取原水渠两头及中部监测数据分析，见下表：

原水渠上结构浇捣前后监测分析表

表 3-2

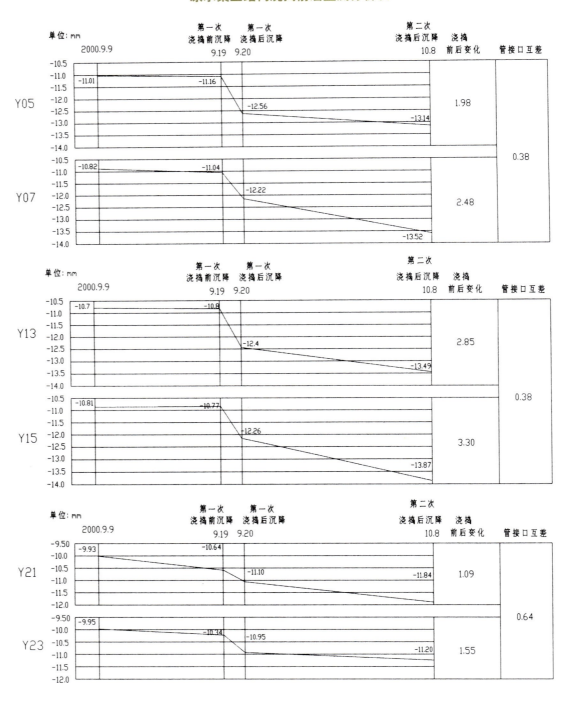

先浇捣部位原水渠沉降较大，原水渠中间段沉降较大，后浇捣部位沉降较小。

六、结束语

经过几个月的研究、探索和实施，上海科技馆深基坑围护设计与施工以及对原水渠保护的深基坑施工圆满结束，达到了预期目标并取得良好的社会效益及经济效益。

1. 上海科技馆工程围护设计根据基坑的不同位置选择不同的支护形式并将其组合成一体的方法是可行的，节约了围护工程的投资。采用适当的支护、管渠卸载、旁站监控、跟踪注浆、注重时空效应以及信息化施工等措施，是有效的、成功的。

2. 上海科技馆原水渠保护采取合理打桩流程、卸土方案、架空梁板的施工技术措施，解决了施工中的一系列问题。既保证了原水渠的使用安全，又如期完成了施工。通过这个部位的施工实践，我们得出几点体会：

(1) 采取纵横向对称均衡施工明显减小了管渠的变形。

(2) 采用叠浇梁构造方式施工架空梁板，尽可能降低了对原水渠的影响，减少了原水渠的沉降量。

(3) 利用实测结果（先浇捣部位原水渠沉降较大，中间段沉降较大，后浇捣部位沉降较小）指导今后相类似的施工，可更加合理的制定施工流程。

第三节 预应力工程

一、概述

上海科技馆是上海市"九五"期间建造的最大的公众文化设施。这座大型公共设施在建筑上的特点之一是要有大面积连续通透空间。其中地下室层高7.2m，弧线型的外墙厚度为0.45m，底板为倒梁板式。其中板厚0.8m，梁高1.5m；厚0.14m的顶板高出室外地坪1.2m，地下室与其门口的下沉式广场联成一体，并与地铁杨高路站相通，实现室内空间的向外延伸。

由于建筑造型和使用功能上的需要，这座大面积建筑不设变形缝，因此在这个超大面积的混凝土结构中如何控制地下室外墙和大面积连续楼板有害裂缝，成为大家关注的问题，而问题的焦点又集中到长期困扰工程界的地下室外墙裂缝的防治上。本工程的地下室外墙呈圆弧形，长度近300m，而且有1.2m暴露在大气环境中，受温度影响程度较大。

长期以来，地下室外墙裂缝一直是影响地下室工程质量和使用功能的主要质量通病，而超长地下室外墙裂缝的控制更是国内工程界尚未解决的难题，且产生裂缝后的经济和社会效益损失严重，因此必须采取有效措施控制裂缝的产生。本课题就是围绕这个问题进行专题研究的。

课题组从研究混凝土裂缝产生的原理入手，尝试以预应力为主的多种方法来防止裂缝的发生和发展，同时进行了跟踪测试，取得了大量的相关资料，试图通过实践为地下混凝土结构的抗裂防渗找到一条可靠的途径。

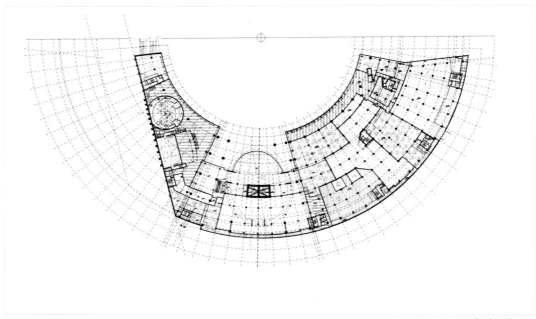

3-18 地下室平面范围图

二、技术路线的确立

(一) 对裂缝宽度限值的规定

1. 国外一些规范的裂缝控制标准

(1) 美国 ACI224 建议的裂缝容许宽度为:

干燥空气或有保护膜	0.40 mm
潮湿、湿空气、土	0.30 mm
海水飞溅区 (干、湿交替)	0.15 mm
挡水结构	0.10 mm

(2) 欧洲 CEB – FIP 模式规范（1978）对于配置对腐蚀不敏感的钢筋构件，按暴露条件分为三等:

轻度的	0.40 mm
中等程度的	0.20 mm
严重的	0.10 mm

(3) 前苏联 CH и П 规范（1984）按计算裂缝宽度分两种情况：短期展开 ω_1 和长期展开 ω_2，并按使用条件（室内、露天条件和地下水变化的土中）和钢筋种类（A－Ⅰ，A－Ⅱ等）列出了详细的规定。例如，Ⅰ～Ⅲ级钢筋构件。

在封闭室内	$\omega_1=0.4$	$\omega_2=0.3$
露天构件	$\omega_1=0.4$	$\omega_2=0.3$
在地下水变化的土中	$\omega_1=0.3$	$\omega_2=0.2$

2. 我国混凝土设计规范规定

在露天或高湿度环境中,三级裂缝宽度为0.20mm。属于露天或室内高湿度环境系指:直接受雨淋的构件;无围护结构的房屋中经常受雨淋的构件;经常受蒸汽和凝结水作用的室内构件(如浴室等);与土壤直接接触的构件。

综上所述可以看出各国规范对混凝土构件裂缝宽度的控制值基本接近,尤其是在高湿度环境中使用的构件裂缝宽度控制要求都相对更加严格。

(二) 影响混凝土裂缝发生和发展的基本因素

混凝土是一种多组份混合材料,材料的性能受多种内外因素影响,而且各种因素在不同时期和条件下的影响程度是不同的,裂缝问题因而成为一项较为复杂的问题。

1. 由于混凝土的收缩引起的裂缝

这是引起大面积混凝土开裂的主要原因之一,收缩引起的拉应力超过混凝土的轴心抗拉峰值应变的3~5倍,特别是泵送流态混凝土的收缩变形达到 $(600 \times 800) \times 10^{-6}$。混凝土墙体由于收缩产生的裂缝相当普遍,其原因有商品混凝土大流动性所导致的配比影响,有施工养护不当,也有结构设计本身原因,情况复杂,原因往往是多种情况并存。根据混凝土任意时间收缩计算公式:

$$\varepsilon_y(t) = \varepsilon^0 y \cdot M_1 \cdot M_2 \cdots \cdots M_n (1-e^{-bt})$$

t ——时间(天);

b ——经验系数一般取0.01,养护较差0.03;

$\varepsilon^0 y$ ——标准状态下的极限收缩。$\varepsilon^0 y = 3.24 \times 10^{-4}$;

M_1、M_2……M_n ——考虑各种非标准条件的修正系数,一般与材料(水泥,骨料……),养护龄期、环境温度、配筋率、施工操作、风速……等。

从公式可以看出,收缩应力是极其复杂又难以正确计算。

2. 由于温度变化引起的裂缝

混凝土的温度膨胀系数约为 10×10^{-6},地下室外墙中处于自然土以上部分,长期在季节温差的影响下,因此温度变化同样是引起裂缝的重要因素之一。温度应力的另一个来源是,水泥水化反应后由于水化热的作用产生的升温和降温作用。

由于存在季节温差和内外温差,地下室外墙温差包含平均温差 $T=(T_1+T_2)/2$ 和温差梯度 $\triangle T = T_1 - T_2$ 两部分。平均温差会使墙板产生轴力,由此产生贯串的裂缝,温度梯度会使墙板产生弯距和由此产生的非贯串裂缝,对地下室外墙而言,显然贯串裂缝更为有害,应予以重视。

温度应力基本概念

$\triangle L = \alpha T \times L$

$\varepsilon = \triangle T/L = \alpha T$

α —— 线膨胀系数(1/℃)

单向全约束条件下墙体应力:

$\sigma = E \alpha T$

但是实际工程地下室外墙周边并非完全约束,存在一定的弹性约束或弹塑性约束。温度应力要比上述公式计算应力小。

单向弹性约束条件下:

$$\varepsilon = \sigma/E + \alpha T$$

3. 混凝土的徐变对裂缝的影响:

混凝土在长期荷载作用下,荷载不变而变形仍随时间增大,这种性能要延续2~3年才能趋于稳定,混凝土的徐变量一般可达 $(3-5) \times 10^{-4}$。徐变的作用主要是使混凝土产生压应力。

(三) 上述三种因素对混凝土内部应力的作用的特点

这些因素对混凝土内部应力随着混凝土的发展过程起着不同程度的影响。

(1) 混凝土在浇筑后1~2个月时,由温度应力产生的拉应力和自身抗拉强度发展都比较快,因此首先开裂可能发生在第一个温度最低点之前。

(2) 混凝土的收缩中由于化学反应引起的体积收缩,大致在40天以后趋于稳定。

(3) 徐变是在长期荷载作用下产生的,要延续2~3年才趋于稳定。

(四) 本工程防治混凝土裂缝技术路线的确立

根据裂缝产生发展的机理,目前预防裂缝的方法有:

1. 调整钢筋布置

在配筋率满足要求的前提下,可以采取减小钢筋直径同时加密间距的办法。

2. 调整混凝土级配、加强浇捣和养护

可以采用低热水泥,掺加外加剂和磨细粉煤灰,控制骨料级配、控制骨料含泥量,在约束条件下掺加膨胀剂;保湿养护等办法。

3. 设置后浇带

将大面积混凝土结构划分成若干块,对拉应力进行释放,这是采取"放"的方式防止裂缝。

4. 施加预应力

对混凝土的施加的压应力来抵消拉应力,这是采取"抗"的方式防止裂缝。

根据工程特点我们在本工程中采取"抗放兼备,以抗为主"的思路,防止有害裂缝的发生发展。根据产生裂缝的不同原因,采取以预应力技术为主的综合措施来抵抗裂缝,即用后浇带将超长的地下室外墙分成几块后,在每块内采用预应力技术,控制主要由温度应力产生的裂缝;同时采取控制骨料级配和含泥量、掺加外加剂和掺合料等降低水化热的措施,并加强浇捣质量控制和养护工作来提高混凝土的自身抗裂能力。

(五) 本工程采用予应力控制外墙裂缝的技术难点

1. 边界条件复杂

不同于其他构件,地下室外墙由于顶板、底板刚度较大,因此必须建立合理的计算模型,这将关系到在什么部位施加预应力,施加多少预应力等一系列问题。

2. 体型复杂

由于本建筑特殊的外型特征,要在超长的半圆形外墙上得到均匀的预压应力,必须在布筋、张拉等方面采取相应的措施。

3．裂缝成因的复杂性

由于在本工程中预应力的作用是防止裂缝，而影响裂缝的各种因素对裂缝的影响机理、作用时间、作用大小都不同，因此如何把握好张拉时机成为一个关键问题。

三、预应力设计研究

预应力设计首先要建立一个合理的计算模型，然后利用计算模型进行应力计算，设计出相应的预应力筋，使得加上去的预应力能抵消混凝土的拉应力，在混凝土中产生压应力。此外，作为设计的一部分，对后浇带设置的设计将使"抗放兼备"得以实现。

(一) 温度应力指标的确定

季节平均气温	夏季 $T=30℃$
	冬季 $T=0℃$
全年平均气温	$T=15℃$
地下室室内平均温度	夏季 $T=24℃$
	冬季 $T=16℃$

由于温度应力计算需要的是构件内部温度，而不是大气温度，因此需要通过传热学方法由构件周围气温计算出构件内部的温度。

墙体中部温度可以这样考虑，根据传热学原理，室内温度向外传递，室外温度同样向内传递，由于墙体材料内外一致，即导热系数、热交换系数相同，所以墙体中部最大温度必定为内外温度平均值。

夏季墙体厚度中部温度	$T=27℃$
冬季墙体厚度中部温度	$T=8℃$

预应力抗裂设计只考虑平均季节温差引起的轴向应力，不考虑室内外温度梯度差产生的弯曲应力。

全年平均气温差	$\triangle T=16℃$
绝对季节气温差	$\triangle T=30℃$
墙体厚度中部季节温度差	$\triangle T=19℃$

综合室内外温差、全年平均温差、绝对季节温差等情况，并排除整个墙体施工期在最热的夏季气温 $T=30℃$ 时或在最冷的冬季气温 $T=0℃$ 时。同时考虑不稳定热传导的"滞后现象"，结构内部温度波动峰值滞后于外表温度波动峰值，且低于外表温度峰值。"在工民建承受年温差的一般结构中，对于厚度不大的结构 $t\leqslant 100mm$，温度峰值降低约10%～20%左右"。所以抗裂设计温差取为：$\triangle T=16℃$。

(二) 温度应力计算

分析采用有限元分析程序ANSYS对墙体进行模拟计算，考虑到墙体下端与基础底板连接，上段与楼板相接，但由于楼板厚度相对较薄，且同样配置预应力钢筋，张拉时可以认为墙体与楼板同步变形，因此计算模型设定为：墙体沿长向，下端有约束，取5m宽地下室底板与其相连，上端为自由。在墙体上端1/3墙高范围内，施加$\triangle T=16℃$的温度场。

计算结果如下：

3-19 ANSYS程序温度应力计算结果示意图

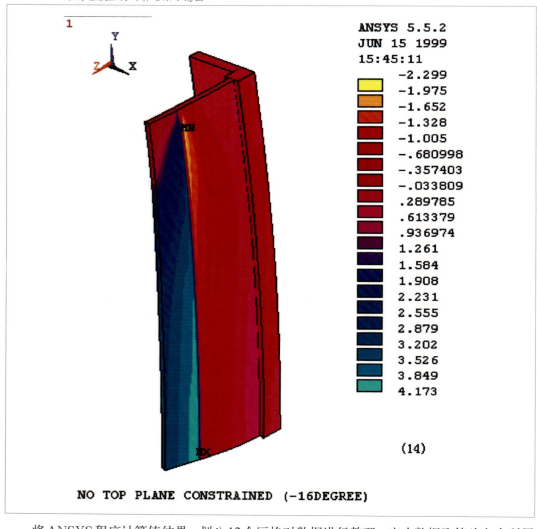

将ANSYS程序计算值结果,划分12个区格对数据进行整理,应力数据取值为各自所属区格附近最大应力值。区格划分及应力数据如下:

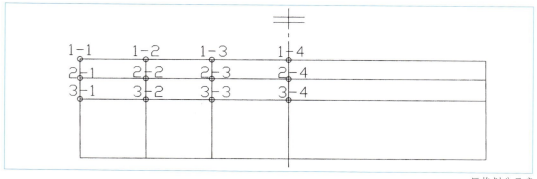

区格划分示意

应力 (Mpa)　　　　　　　　　　　　　　　　　　　　　　　　　　　　　　　　表 3-3

区格号	1-1	1-2	1-3	1-4
应力	3.5	3.2	1.91	0.61
区格号	2-1	2-2	2-3	2-4
应力	4.17	4.17	1.58	1.26
区格号	3-1	3-2	3-3	3-4
应力	0.61	0.29	1.58	1.58

根据温度应力计算结果和地下室外墙上端1.2m暴露在外的实际情况,设计要求墙高上端1/3高度范围内预压应力来抵抗温度拉应力,预应力布筋的方式由上端向下逐渐减小。

(三)实际配筋

1. 施加预应力情况

在地下室外墙板±0.00m标高至-2.00m标高范围内,(即温度应力最大的部位)建立平均不小于2MPa的预压应力,以下部分压应力逐渐减小。

2. 实际配筋

地下室外墙板±0.00m标高至-5.400m标高范围内采用无粘结预应力,预应力筋采用抗拉强度标准值$f_{ptk}=1860$MPa,单根直径$d=15.24$mm,截面面积$S=140$mm²。张拉控制应力$\delta_{con}=0.70f_{ptk}$。

配筋沿竖向分为三段:

　　　　　　　上段 2600 范围内　　　2×2U ϕ15@200
　　　　　　　中段 1500 范围内　　　2×2U ϕ15@300
　　　　　　　下段 1200 范围内　　　2×2U ϕ15@400

顶部　　2×7U ϕ15,见下图。

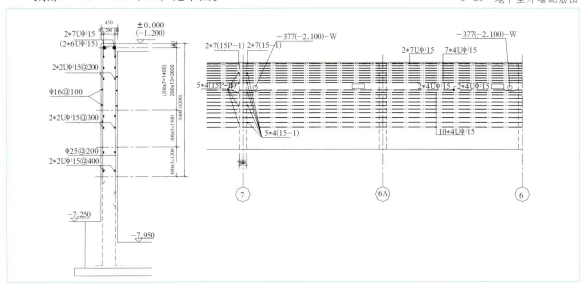

3-20　地下室外墙配筋图

3. 在此配筋情况下进行预应力张拉后的应力模拟计算结果:

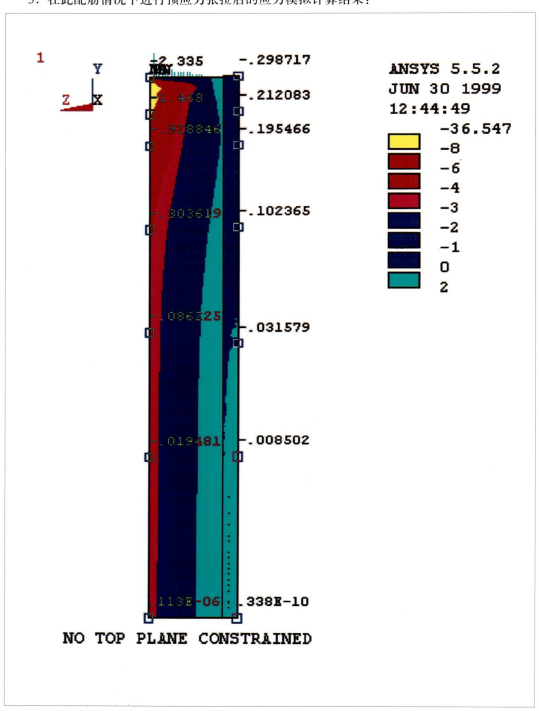

3—21 ANSYS程序预应力张拉模拟计算结果示意图

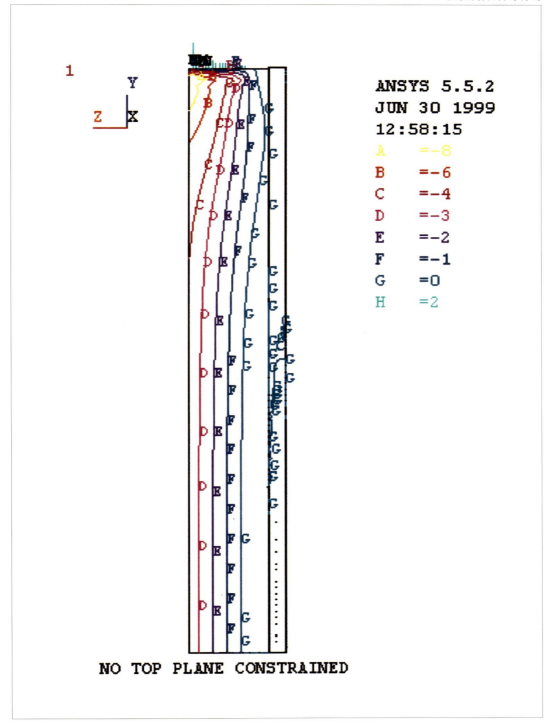

3-22 ANSYS 程序计算应力等高线

同样将墙体划分12个区格,整理计算结果如下:

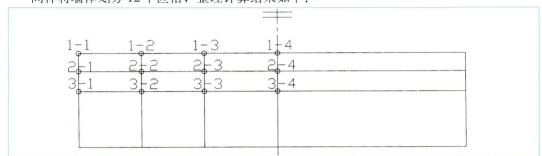

区格划分示意

3-23 计算结果　　　　　　　　　　　　　　　　　　　　　　　　　　　　　　表3-4

区格号	1-1	1-2	1-3	1-4
应力	-8	-4	-3	-3
区格号	2-1	2-2	2-3	2-4
应力	-6	-3	-2	-2
区格号	3-1	3-2	3-3	3-4
应力	-3	-2	-1	-1

4．温度应力与张拉产生的预压应力比较

从划分区格内数据分析,各区温度拉应力和预应力的压应力对比不难看出,墙体内预应力的压应力基本覆盖了墙体内的温度拉应力。也即在惟一气温变化作用下墙体内应力始终处在非拉应力状态下,墙体不会开裂。

四、方案实施

在预应力的具体实施过程中,主要要针对超长的圆弧型结构,解决布筋和张拉方法的问题,并且要针对不同因素影响裂缝的不同机理,找到合理的张拉时机。目的就是要达到在预应力设计时提出的混凝土压应力值,实现抗裂的目的。

预应力技术防治地下室外墙裂缝的技术难点:

弧线型外墙:如何保证内外侧都能得到有效的压应力;

超长外墙:如何划分预应力筋的区段;

张拉时机的合理选择,以满足张拉时混凝土所需的抗压强度要求,同时又能减少初期裂缝的发展。

(一) 材料机具选择

1．无粘结钢绞线采用SJUPC体系;
2．采用YC-25卡式单作用千斤顶;
3．采用ZB630型张拉专用油泵。

(二) 布筋

为了在+0.000～2.000m标高范围内建立平均不小于2MPa的预压应力,考虑到地下室顶板和底板刚度影响,外界温度变化对不同标高混凝土的影响程度,弧线型的结构形状,以及无粘结预应力筋对混凝土压应力的传递路径和预应力筋的有效长度等问题,我们具体采用了以下几点布筋原则。

1. 采用了270级高等级低松弛钢绞线作为预应力筋,f_{ptk} =1860Mpa,单根直径d=15.24mm,截面面积s=140mm^2。σ con=0.7f_{ptk}=1320 Mpa;

2. 考虑到上、下的顶板和底板不同刚度对墙板的影响,以及我们要求在顶部2m高度范围建立预应力的要求,竖向采用不同标高区段内不同间距的方式进行布筋,在整个布筋范围内分成三个区段,密度自上而下减小。

3. 无粘结筋是靠混凝土由端部向中间传递压力的,因此传递线路不能过长,所以借助后浇带的作用,外墙沿长度方向以后浇带为界划分区段,位于6轴、10轴的后浇带将近300m长度的弧形外墙划分成三段,每段长度在90m以内。

4. 弧型的外墙通过端部施压后,内侧建立预应力相对于外侧来讲要困难,为解决这个问题,每个区段内采用分段布筋、张拉端交叉布置的方式,即每个区段内在两端集中设置张拉端。另外在中间设置交叉张拉端,这样可以控制预应力筋长度不超过70m,同时使区段内应力较为均匀。

(三) 张拉端的节点构造

1. 张拉端的合理设置至关重要,要保证张拉时端部应力有效传递,因此利用外墙上在轴线部位设置了壁柱,该部位刚度较好,且凸出墙面便于安装张拉设备的特点,因此张拉端布置在外墙内侧的壁柱上。

2. 采用OVM锚,锚具的间距控制在60mm以上,布筋时要注意避开壁柱结构的主筋影响。

(四) 张拉时机

导致混凝土裂缝的拉应力分别来自于混凝土的收缩应力、混凝土受水化热影响产生的温度应力、混凝土受外界温度变化影响所产生的温度应力等。前两者因素主要发生在早期,为了减少其影响,张拉应尽可能早;但同时我们又要考虑到张拉时混凝土必须具备的强度条件,因此张拉又不能过早,最好在混凝土达到设计强度要求后进行。为了协调这两者的矛盾,我们采取了两次张拉、分步到位的方式。

1. 第一次张拉选择在混凝土浇捣完成一周后,混凝土强度达到C25以上时,这次张拉的目的是减少混凝土收缩应力和水化热引起的温度应力所产生的裂缝,由于此时混凝土未到设计强度,因此仅张拉到设计张拉控制应力的50%。

2. 第二次张拉,除了要消除混凝土收缩应力和水化热引起的温度应力,更主要的目的是要消除温度变化引起的应力,因此选择在混凝土浇捣完成28天,混凝土强度达到设计强度以后进行,这次张拉到设计张拉控制应力。

(五) 张拉应力控制

拉控制应力：$\sigma_{con}=0.7f_{ptk}=0.7 \times 1860 MPa = 1320 MPa$；

第一次张拉实际控制应力：【σ_{con1}】$=0.5\sigma_{con}=651$ MPa；

第二次张拉实际控制应力：【σ_{con2}】$=\sigma_{con}=1320$ MPa。

(六) 张拉工艺要点

为了要解决弧型结构内、外侧应力不均匀的问题和在超长预应力结构中采取分段布筋方法所引发的沿长度方向应力不均匀问题，我们在张拉设备配备、张拉方法等方面制定了以下的要点：

1．每个区段内采用四套设备同时张拉，每两套组成一组，其中一套固定在端部张拉端处，另一套设备在中间的张拉端处。两套设备各负责一侧的张拉，并在中间形成交叉。这样便于实行交叉同步张拉，使中间区段的应力达到均匀。

2．张拉原则

(1) 从两端按两个方向对预应力筋实行同步交叉张拉，以实现长度方向的应力均匀；

(2) 每一柱间的预应力筋由上而下张拉，确保上部2m范围达到2MPa压应力；

(3) 同一截面的预应力筋实行对角张拉，以确保内、外侧的应力均匀。

(七) 张拉工艺流程

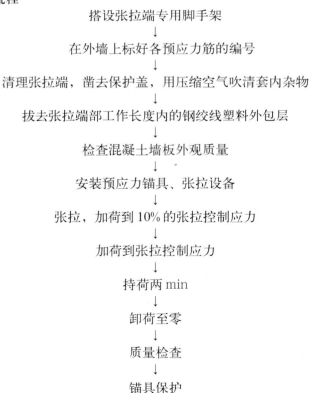

搭设张拉端专用脚手架
↓
在外墙上标好各预应力筋的编号
↓
清理张拉端，凿去保护盖，用压缩空气吹清套内杂物
↓
拔去张拉端部工作长度内的钢绞线塑料外包层
↓
检查混凝土墙板外观质量
↓
安装预应力锚具、张拉设备
↓
张拉，加荷到10%的张拉控制应力
↓
加荷到张拉控制应力
↓
持荷两 min
↓
卸荷至零
↓
质量检查
↓
锚具保护

(八) 质量控制

1．对无粘结钢绞线和锚具的质量要加强检验,应检查锚具硬度试验报告;锚固静力性能报告；钢绞线强度报告；无粘结钢绞线油脂厚度检查报告。

2．张拉前检查张拉设备的标定报告。

3．在张拉前计算好理论伸长值，张拉采用应力控制为主，伸长值作为校验。

4．张拉完成后做好锚具保护，用手提式切割机割除多余的钢绞线，露出锚具外的钢绞线长度不小于30mm，在锚具保护套杯塞内，注入专用防腐油脂，最后用细石混凝土封闭。

(九) 实际施工情况：

1．1999年8月16日进行外墙混凝土的浇捣。

2．1999年8月23日，即混凝土浇捣完成后一周时进行第一次张拉，实际混凝土试块强度达到设计强度的94%，张拉控制应力为50%的设计张拉应力。

3．1999年9月15日，即混凝土浇捣完成后一个月时进行第二次张拉，实测混凝土试块强度达到设计强度的100%，张拉控制应力为设计张拉应力。

4．预应力筋的实际张拉顺序：

第一批张拉：10-7 轴方向； 8A-6轴方向

第二批张拉：10-7A轴方向； 8-6轴方向

第三批张拉：10-8 轴方向； 7A-6轴方向

第四批张拉：10-8A轴方向； 7-6轴方向

第五批张拉：10，9轴一端张拉预应力筋

(十) 其他施工措施

混凝土是一种非均质的多组分复合材料，产生裂缝的原因很复杂，因此根据不同原因产生的裂缝，相应的防止裂缝的措施也将有多种形式。

1．设置后浇带

为防止地下室外墙一次浇捣混凝土的长度过长，以致产生过大的收缩应力和温度应力，同时也为了满足无粘结钢绞线作用距离的限值要求，在地下室设置了多处后浇带，把板墙一次浇捣混凝土的长度控制在90m范围内。

2．调整配筋构造措施

(1) 由于科技馆地下室高度高，体积大，墙体配筋也较大。作为防裂措施之二，在满足受力的前提下，配筋主要考虑利用钢筋抗拉强度高的特点，来承受混凝土的拉应力，抵抗裂缝。考虑到钢筋与混凝土的握固力与混凝土的抗拉性能，钢筋在足够强的前提下，必须足够密。基于上述因素，我们外墙的水平钢筋采用 $\phi16@100$。

(2) 钢筋的保护层厚度在施工过程中得到了严格控制，在保护钢筋的前提下不使保护层过大而造成表面裂缝过多。

3．混凝土配合比控制

(1) 合理的混凝土级配既要满足强度和工作性的要求，又要满足低水化热和高耐久性要求，防止混凝土由于水化热引起的温度应力产生的裂缝和混凝土过大收缩产生的裂缝。

(2) 水泥：根据混凝土的强度要求，在本工程中采用525#普通水泥。

(3) 骨料：选用具有良好级配的粗细骨料。细骨料选用细度模数大于2.40的中砂；粗骨料选择时考虑到墙板中有大量预应力钢铰线的因素，所以选用5～25mm连续级配的碎石；合理的骨料级配目的是为了减少水泥用量。严格控制骨料的含泥量，粗骨料控制在1%以下，细骨料控制在2%以下，骨料的含泥量控制不仅有利于混凝土的强度发展，而且有利于混凝土极限拉伸强度的提高，从而提高混凝土的抗裂能力。

(4) 外加剂和掺合料：为了减少水泥用量，降低水化热，必须合理选用外加剂，减小水灰比，提高可泵性；另外，掺加磨细粉煤灰，以减少水泥用量，提高水泥活性，并提高混凝土的工作性，可以有效减少水泥用量，降低水化热。

(5) 具体的配合比如下：(kg)

配合比表　　　　　　　　　　　　　　　　　表3-5

水	水泥	砂	石	粉炭灰	外加剂
自来水	525普通水泥	中砂	5～25mm	三级	Zk904
185	377	748	987	61	6.78

坍落度控制在120±30mm。

4. 降低混凝土的入模温度

浇捣时正值夏季，为了降低混凝土的入模温度，我们在泵管上覆盖湿草包，并经常浇水保持湿润。在停车点设棚架，避免阳光直射，对搅拌车的料筒经常浇水降温。

5. 保证连续浇捣

由于外墙板与地下室结构同时浇捣，因此必须采取措施保证外墙板的连续浇捣。为此，外墙混凝土专门设置了一台自布泵车，保证墙板混凝土均匀浇捣；浇捣时采取分层浇筑，分皮振捣；混凝土布料和振捣过程中采取专人定点负责，确保混凝土密实。

6. 混凝土养护

混凝土的早期强度与养护条件关系很大，而强度大小直接关系到混凝土的抗裂性能。混凝土浇捣完毕，8小时后开始用洒水壶洒水，12小时后开始用水管浇水，48小时后开始拆墙侧模，随即在外墙上利用模板的对拉螺栓挂麻袋片，麻袋片要保证片与片之间不留缝隙，并浇水保持湿润，内侧墙则直接浇水养护并在隔仓内蓄水保湿，以满足养护所需的湿度。

五、测试

由于受到地下室底板和顶板的双重约束，加之地下室外墙形状和其他一些因素的影响，使得边界条件十分复杂，在这样的条件下施加预应力将是非常困难的；而且，通过施加预应力来控制超长圆弧形地下室外墙的裂缝在国内还没有先例。为此，我们选择⑥～⑩轴之间91.3m长的一段外墙进行长达8个月的测试。

(一) 测试目的

1. 检测施加预应力以后，混凝土中实际产生压应力的情况；

2．检测由预应力使混凝土产生的压应力对裂缝控制的作用和过程。

(二) 测试仪器及测点布置

1．应力检测

外墙中预应力值的测试采用钢弦式钢筋应力计、ZXY-Z型频率接收仪。在整个测试段共布置了64个钢筋应力计，应力计与水平钢筋绑焊在一起，在墙的顶部由于暗梁的主筋直径较大，上部三组应力计焊接在竖向钢筋内侧。（测点布置见图3-24）

2．裂缝观测

裂缝观测采用裂缝观测仪进行。

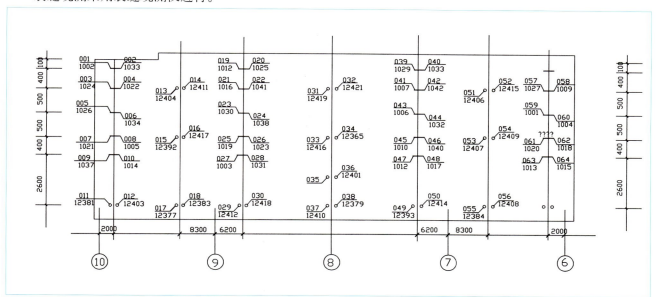

3-24 墙体中应力测试点布置图

(三) 应力测试情况

测试时间从1999年8月16日开始到2000年4月26日结束，跨越夏、秋、冬、春四个季节，历时253天。其间，进行应力测试36次，裂缝量测22次，获得了极为珍贵的第一手资料。整个测试过程可划分为三个阶段：

1．第一阶段测试

从1999年8月16日至1999年8月26日，共10天，即从混凝土浇筑前开始，到第一次张拉完成后四天结束。测试频率为24h一次，测试过程中钢筋应力计无一损坏。测试内容如下：

在混凝土浇筑前后的测试用以检验钢筋计的工作情况：

(1) 混凝土浇筑前一天，1999年8月14日测定一次，检测钢筋应力计的成活率。钢筋计的成活率为100%。

(2) 混凝土浇筑完毕后，1999年8月16日立即测定一次，测量钢筋计在不同介质中频率的变化情况。测试结果表明，钢筋计在混凝土介质中频率变化较大，浇注过程中钢筋计无一损坏。

(3) 混凝土浇筑后第二天，初凝后，1999年8月17日测定一次，以后隔天检测一次，了解钢筋计应力的变化情况。

第一次张拉前一天，1999年8月22日测定一次作为初值；

第一次张拉后，1999年8月23日立即测定，以后每天检测一次。

2. 第二阶段测试

从1999年8月29日至1999年9月20日，测试频率为48h一次，测试过程中钢筋计无一损坏。主要检测第二次张拉前后的应力情况。测试内容如下：

(1) 1999年8月29日至1999年9月20日，每两天测试一次，观察应力增长情况。

(2) 二次张拉前最后一天，1999年9月16日测定一次，

(3) 二次张拉至100%全部完成后，第一天1999年9月20日测定一次。

3. 第三阶段测试

从1999年9月23日至2000年4月26日，这段时间应力持续波动发展，应力计有不同程度的损坏，也有一部分应力计由于其他因素的影响无法观测。这样有效测点（应力值达到2.0Mpa或者可持续观测到结束）共54个。本次测试以应力值达到设计要求为结束。

(四) 预应力测试结果分析

1. 墙体中应力量测结果

表3-6～表3-12是各组测点应力量测结果汇总。

第一组钢筋计测试结果(MPa) 表3-6

钢筋计编号 测试时间(d)	01	02	03	04	05	06	07	08	09	10	11	12
6	0	0	0	0	0	0	0	0	0	0	0	0
7	1.02	1.55	0.79	1.33	0.77	0.89	0.73	0.86	0.61	0.75	0.65	0.55
8	1.01	1.40	0.94	1.41	0.88	1.06	0.84	0.91	0.72	0.84	0.69	0.75
9	0.91	1.72	0.85	1.80	0.86	1.45	0.86	1.18	0.79	1.07	0.82	0.86
10	1.08	1.67	1.07	1.76	1.10	1.45	1.04	1.17	0.95	1.08	0.98	0.81
13	1.18	1.74	1.07	1.77	1.14	1.55	1.09	1.29	1.00	1.19	0.86	0.92
23	1.69	2.19	1.60	2.23	1.60	1.94	1.53	1.75	1.46	1.61	1.36	1.49
31	2.12	2.62	2.07	2.76	2.08	2.43	1.91	2.11	1.81	1.99	1.70	1.77
35	3.07	3.99	2.94	4.24	2.89	3.57		3.04	2.30	2.87	2.25	2.31
38	2.76	4.39	2.71	3.81	2.72	4.13		3.59	2.17	3.45	2.34	2.69
113	3.88	5.28	3.69	5.63	3.52	4.71		4.13	2.83		2.58	2.71
155	3.92	5.53	3.69	6.08	3.53	4.26		3.96	2.42			2.83
204	4.40	5.67	4.78	6.21	3.65	4.90		4.45	2.77			3.28
253	5.00	6.00	6.20	6.42	4.80	5.80		4.70	3.80			3.31

第二组钢筋计测试结果(MPa) 表 3-7

钢筋计编号 测试时间(d)	13	14	15	16	17	18
6	0	0	0	0	0	0
7	0.51	1.11	0.32	0.46	0.35	0.25
8	0.63	1.38	0.45	0.62	0.41	0.38
9	0.71	1.90	0.57	1.14	0.55	0.50
10	0.83	1.86	0.73	1.08	0.59	0.53
13	0.95	1.96	0.85	1.17	0.47	0.64
23	1.62	2.08	1.08	1.27	0.96	1.22
31	2.04	1.92	1.48	1.67	1.12	1.45
35	2.58	3.33	1.69	2.05	1.42	1.81
38	2.68	3.88	1.88	2.00	1.48	1.68
113	3.80	5.52	2.63	3.35	1.54	2.03
155	3.75	5.86	2.42	2.59	1.30	1.79
204	4.37	6.01	3.60	3.71	2.19	2.41
253	5.30	6.20	4.00	4.60	2.60	3.00

第三组钢筋计测试结果(MPa) 表 3-8

钢筋计编号 测试时间(d)	19	20	21	22	23	24	25	26	27	28	29	30
6	0	0	0	0	0	0	0	0	0	0	0	0
7	0.22	0.59	0.01	0.48	−0.39	0	0.05	0.07	−0.05	0	0.02	0
8	0.20	0.51	0.13	0.50	−0.24	0.13	0.18	0.15	0.02	0.12	0.06	0.11
9	0.25	1.05	0.15	1.07	−0.15	0.27	0.64	0.22	0.07	0.24	0.23	0.26
10	0.24	0.82	0.24	0.93	0.00	0.95	0.56	0.30	0.10	0.40	0.18	0.26
13	0.38	0.86	0.31	0.75	0.02	0.80	0.52	0.39	0.20	0.34	0.30	0.21
23	0.86	1.19	0.82	0.98	0.42	0.67	0.77	0.93	0.50	0.74	0.67	0.63
31	1.10	1.60	1.17	1.32	0.48	1.02	1.02	1.15	0.53	0.88	0.67	0.75
35	1.16	1.80	1.27	1.49	0.57	1.27	1.08	1.27	0.53	0.99	0.69	0.83
38	0.86	2.01	1.15	1.60	0.30		0.99	1.29	0.42	0.99	0.43	0.60
113	1.00	2.53	1.57	2.08	0.89		1.25	1.65		1.34	0.23	0.70
155	0.96	2.73	1.41	2.06	0.54		1.30	1.51		1.53	0.26	0.73
204	1.64	3.28	2.02	4.49	1.10		1.42	2.22		1.72	0.85	0.86
253	3.80	4.23	4.80	5.00	4.00		3.20	4.00		3.50	2.40	2.60

第四组钢筋计测试结果(MPa) 表 3—9

钢筋计编号 测试时间(d)	31	32	33	34	36	37	38
6	0	0	0	0	0	0	0
7	−0.15	0.36	−0.23	0.42	0.08	−0.11	0.12
8	−0.01	0.43	−0.16	0.47	0.22	−0.09	0.21
9	0.11	1.01	−0.10	1.36	0.72	0.00	0.31
10	0.11	0.99	0.00	1.06	0.61	0.00	0.28
13	0.33	0.91	0.12	1.13	0.65	0.06	0.34
23	0.68	1.12	0.52	1.45	1.07	0.40	0.75
31	0.79	0.93	0.69	1.41	1.11	0.46	0.84
35	0.60	0.76	0.54	1.66	1.34	0.40	1.08
38	0.48	0.83	0.24	1.72	1.31	0.48	1.27
113	0.54	0.87	0.36	1.76	1.19		1.38
155	0.62	0.92	0.84	1.62	1.22		1.46
204	1.09	1.27	1.23	1.82	1.48		1.63
253	2.40	2.80	2.20	2.60	2.00		1.72

第五组钢筋计测试结果(MPa) 表 3—10

钢筋计编号 测试时间(d)	39	40	41	42	43	44	45	46	47	48	49	50
6	0	0	0	0	0	0	0	0	0	0	0	0
7	−0.20	0.06	−0.04	0.12	0.07	0.01	0.13	0.07	0.13	−0.04	0.12	0.05
8	−0.16	0.06	−0.01	0.09	0.11	0.05	0.17	0.13	0.17	0.04	0.19	0.33
9	−0.01	0.34	0.15	0.35	0.21	0.35	0.29	0.48	0.30	0.31	0.43	0.31
10	0.00	0.35	0.18	0.39	0.20	0.34	0.26	0.38	0.27	0.35	0.27	0.38
13	0.13	0.42	0.29	0.41	0.31	0.43	0.39	0.50	0.42	0.40	0.47	1.24
23	0.62	0.70	0.66	0.65	0.58	0.68	0.74	0.78	0.77	0.67	0.84	0.97
31	0.70	0.78	0.72	0.72	0.62	0.68	0.86	0.74	0.70	0.62	0.64	1.01
35	0.66	0.80	0.69	0.76	0.67	0.67	0.94	0.76	0.80	0.62	0.57	0.89
38	0.49	0.90	0.50	0.83	0.57	0.68	0.89	0.83	0.64	0.66		1.31
113	0.44	1.15	0.42	0.75	0.47	0.77		1.30	0.48	0.80		0.59
155	0.18	0.83	0.16	0.66	0.23	0.57			0.33	0.94		0.84
204	1.10	1.24	1.11	2.59	1.39	2.10			0.88	1.24		1.26
253	3.20	3.80	4.00	4.50	3.50	3.80			3.00	3.08		2.00

第六组钢筋计测试结果(MPa) 表 3-11

钢筋计编号 测试时间(d)	51	52	53	54	55	56
6	0	0	0	0	0	0
7	0.53	0.39	0.36	0.05	0.16	0.02
8	0.72	0.85	0.50	0.37	0.25	0.32
9	0.71	0.67	0.55	0.83	0.41	0.83
10	0.85	0.98	0.60	0.95	0.42	0.67
13	1.11	1.11	0.78	0.86	0.55	0.69
23	1.61	2.06	1.56	1.43	1.08	1.38
31	2.48	2.48	1.88	1.76	1.28	1.50
35	2.73	3.32	2.38	2.31	1.64	2.00
38	2.99	3.24		2.40	1.31	1.76
113	2.90	3.73		2.32	1.12	1.28
155	2.63	3.23		1.70	0.66	1.24
204	4.20	4.47		3.30	2.36	2.49
253						

第七组钢筋计测试结果(MPa) 表 3-12

钢筋计编号 测试时间(d)	57	58	59	60	61	62	63	64
6	0	0	0	0	0	0	0	0
7	1.03	1.01	0.70	0.79	0.83	0.82	0.72	0.72
8	1.09	1.18	0.74	0.96	0.75	1.00	0.73	0.91
9	1.09	1.50	0.76	1.28	0.85	1.30	0.80	1.18
10	1.22	1.58	0.82	1.37	0.96	1.49	0.87	1.22
13	1.37	1.62	0.98	1.48	1.10	1.79	1.02	1.55
23	1.93	1.82	1.47	1.77	1.68	2.20	1.50	1.66
31	2.53	2.33	1.84	2.30	1.92	3.26	1.77	2.08
35	3.71	3.50	2.94	3.29	2.98		2.71	2.96
38	3.48	3.72	3.07	3.50	3.22		2.70	3.16
113	4.39	4.46	3.00	4.31	3.28		2.74	
155	4.83	5.24		3.89	3.13		2.28	
204	5.16	5.55		3.46	3.24		2.38	
253	5.50	6.20		5.10	3.90		2.60	

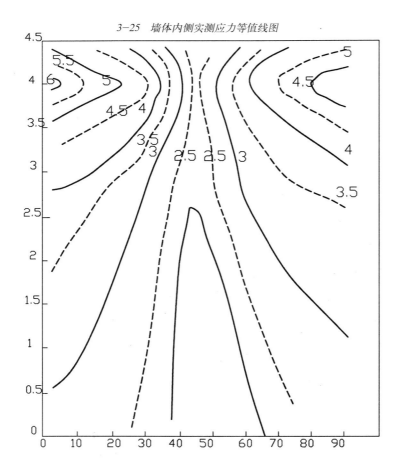

图3-25 墙体内侧实测应力等值线图

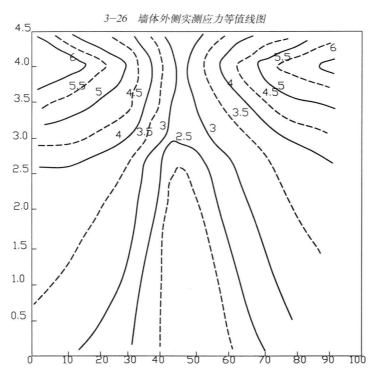

图3-26 墙体外侧实测应力等值线图

2. 墙体中应力总体情况

(1) 最终墙内应力值

在总共54个有效测点中，实测预应力值大于等于2.0Mpa的共有53个，只有位于-4.5m处的38号测点的应力值为1.72MPa，基本接近于设计值，为设计值的86%，而且这些点大都位于-2.0m以下。因此，可以认为，墙体中建立2.0MPa预应力值的目的基本已经实现。

图3-25和图3-26是根据最后一次量测结果绘制的墙内、外侧的应力等值图。从图中可以明显地看出除了中间部分的很小区域外，其余部分-2.0m以上区域的实测应力值均大于2.0MPa。从实测应力等值线的分布来看，试验段两端部分和上部区域等值线密集，向内、向下等值线越来越稀疏，应力等值线的这种变化规律，直观地反映出了墙体中应力的分布情况。

(2) 同一剖面应力随高度变化的情况

图3-27是反映应力沿高度方向变化情况的一组测点数据。从中可以看出，除了-0.5m高度处测点的应力值较大之外，其他各测点的应力均表现出沿墙高自上而下逐渐减小的规律。

由于受到地下室顶板的约束，-0.1m高度的应力值普遍偏小，而直到-0.5m高度处由于顶板约束的减小，应力值才出现显著的增大。

(3) 同一横剖面应力沿墙长方向变化情况

图3-28是反映沿墙长方向应力变化情况的一组测点的应力值。从中可以看出,在沿墙长方向的应力呈两端大、中间小的盆型分布,这主要是内部受到的约束较大,传递过程中预应力损失较大,致使预应力传递困难造成的。

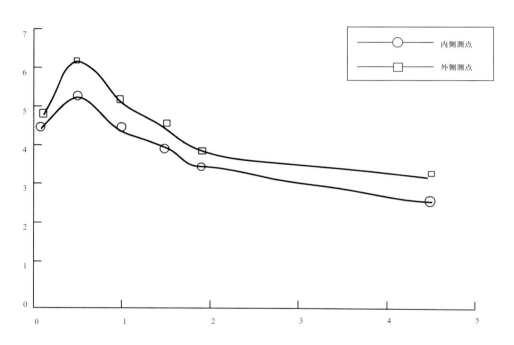

3-27 第二组测点实测预应力值随高度变化曲线

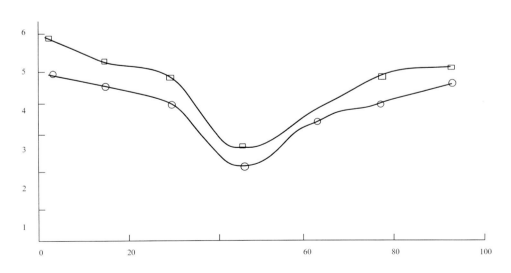

3-28 -1.0m标高处实测应力值随墙长变化曲线

(4) 初步结论：

综上所述，根据实测结果，在-2.0m以上的范围内建立不小于2.0MPa压应力（其下的压应力逐渐减小）的设计目的达到了。

3. 墙体中预应力发展过程分析

(1) 墙中应力随时间发展的总体规律

a. 每次张拉之后，墙体中的预应力值出现不同程度的增加，两端增加较大，而中间部位增加较小；离开地下室顶板一段距离的位置增加较快，其余部分增加慢。

b. 从预应力随时间变化的曲线上可以看出，每次预应力施加的初始阶段，各测点的预应力值波动较大，但总体上呈现上升趋势。随着时间的推移，各测点的预应力值平稳增长。

c. 同一位置，外侧测点的预应力值普遍大于内侧测点。这有两方面的原因：一是外侧测点受到的约束较小，施加预应力相对比较容易；再者则是外侧测点受温度影响较大，而施加预应力的时间正值夏、秋时节，环境温度相对较高，外侧测点的预应力值就比较大。

d. 1999年12月7日到2000年1月18日这个阶段，大多数测点的测试结果都出现了不同程度的下降，而以外侧测点下降明显。我们认为，这是由于冬季气温较低所导致的。

(2) 第一次张拉引起的应力变化分析

第一次张拉之后，各测点的预应力值都有不同程度的变化，位于端部的一、二组和六、七组测点的应力值增加较大。见表3-13。而位于中间的三、四、五组测点的应力变化比较复杂，甚至出现了拉应力，拉应力的最大值为0.39MPa。

第一次张拉之后部分测点实测预应力统计（MPa） 表3-13

组号	最大值(MPa)	最小值(MPa)	平均值(MPa)
1	1.55	0.33	0.88
2	1.16	0.25	0.50
6	0.53	0.02	0.25
7	1.03	0.72	0.83

此后，各测点预应力缓慢增张，至第二次张拉之前，各组测点的预应力值都有了不同程度的增加，二次张拉之前最后一次应力测试结果见表3-14。

二次张拉前最后一次预应力测试结果（MPa） 表3-14

组号	最大值(MPa)	最小值(MPa)	平均值(MPa)
1	2.62	1.70	2.12
2	2.92	1.12	1.78
3	1.60	0.48	0.97
4	1.41	0.46	0.89
5	1.01	0.62	0.74
6	2.48	1.28	1.90
7	3.26	1.77	2.25

(3) 第二次张拉引起的应力变化分析

1999年9月20日的二次张拉之后第一次测试显示，各组测点应力增长明显。见表3-15和表3-16。

二次张拉之后第一次测试结果（MPa） 表 3-15

组号	最大值(MPa)	最小值(MPa)	平均值(MPa)
1	4.24	2.25	3.01
2	3.33	1.42	2.15
3	1.80	0.53	1.08
4	1.66	0.40	0.91
5	0.94	0.57	0.74
6	2.73	1.64	2.40
7	3.71	2.71	3.16

二次张拉前后各组应力平均变化对比表（MPa） 表 3-16

组号	张拉前(MPa)	张拉后(MPa)	提高数量(%)
1	2.12	3.01	42.0
2	1.78	2.15	20.8
3	0.97	1.08	11.3
4	0.89	0.91	2.2
5	0.74	0.74	0.0
6	1.90	2.40	26.3
7	2.25	3.60	40.4

（五）墙体中裂缝发生及发展情况

在墙体中建立预应力的目的就是为了更好地控制裂缝的产生和发展。通过对墙体中裂缝发生和发展情况的观测，进一步建立墙体中裂缝与预应力的关系是十分必要的。在整个检测过程中一共发现6条裂缝，表3-17是对这些情况的统计。

裂缝发生、发展情况表　　　　　表 3—17

观测日期＼裂缝编号	1	2	3	4	5	6
1999.08.25	0.10(出现)	0.10(出现)	0.08(出现)		0.10(出现)	
1999.08.26	0.10	0.15	0.10		0.15	
1999.08.27	0.10	0.15	0.10		0.15	0.10(出现)
1999.08.31	0.15	0.15	0.10		0.15	0.10
1999.09.03	0.15	0.15	0.10		0.15	0.10
1999.09.05	0.15	0.15	0.10		0.15	0.10
1999.09.08	0.15	0.15	0.10		0.15	0.10
1999.09.11	0.15	0.15	0.10		0.15	0.10
1999.09.13	0.15	0.15	0.10		0.15	0.10
1999.09.16	0.18	0.20	0.12		0.15	0.15
1999.09.19	二次张拉					
1999.09.20	0.20	0.20	0.12		0.15	0.15
1999.09.26	0.20	0.20	0.12	0.10	0.15	0.15
1999.09.28	0.18	0.15	0.12	0.10	0.15	0.10
1999.10.07	0.18	0.15	0.10	0.10	0.15	0.10
1999.10.11	0.18	0.15	0.10	0.10	0.15	0.15
1999.10.18	0.18	0.15	0.10	0.08	0.15	0.15
1999.10.28	0.18	0.15	0.10	0.08	0.15	0.10
1999.11.12	0.18	0.15	0.10	0.08	0.15	0.10
1999.11.23	0.15	0.15	0.10	0.10	0.12	0.10
1999.12.07	0.15	0.15	0.10	0.10	0.15	0.10
1999.12.23	0.25	0.20	0.15	0.10	0.18	0.15
2000.02.25	0.20	0.15	0.10		0.10	0.10

1. 裂缝发生的时间

通过采用裂缝观测仪的观测，一共发现6条裂缝。这些裂缝的发生在张拉施工的初期1999年8月16日～9月13日，即第二次张拉前一周。

2. 初期裂缝的情况

这些裂缝主要出现在墙的中间部位，沿竖向扩展，这也符合一般表面裂缝分布的规律。这些裂缝基本位于三、四、五组测点所控制的区域，即在墙体长度方向的中间部位，而这一区域在张拉初始阶段预应力值较小，而且短时间内增长不够明显，对裂缝的控制作用并不明显，因而裂缝的宽度并没有减小的趋势。从1999年8月25日发现第一条裂缝到1999年9月13日，这三周的时间内，裂缝的长度随时间有所发展，但宽度并未增加。

3. 从张拉完成到应力达到设计要求阶段的裂缝情况

从两次张拉到混凝土到达设计的预应力值，经历了较长一个阶段。在这个过程中裂缝不仅伸长形成上下贯通，而且宽度也有不同程度的增加。但在预应力达到稳定值并且绝大多数达到预定值之后，裂缝宽度都有不同程度的减小。至观测结束，墙体中的最大裂缝宽度不超过0.2mm。

4．裂缝宽度与应力的关系

通过分析预应力值和裂缝发展的关系可以看出，墙体中的预应力值对裂缝的发展起了很大的控制作用，裂缝的宽度与预应力的大小成反比例。裂缝出现的位置恰恰是预应力值数量最小、应力状态复杂、预应力发展最缓慢的区域，即便是在第二次张拉之后的一段时间内，裂缝所在区域的各组应力仍没有显著增加，甚至个别测点由于外界因素的影响还出现了下降。与之相对应的，1999年9月16日到9月26日这段时间内的多条裂缝的宽度增加。随着时间的推移，预应力缓慢向中间部位传递。1999年11月23日，预应力发展曲线中的应力值在局部的最大值，与此相应的1，5号裂缝的宽度减小；1999年10月28日，应力值达到局部最大值，观测到4号裂缝的宽度在减小。墙体中裂缝宽度与实测应力值之间的这种关系，进一步揭示了预应力在控制墙体裂缝中的重要作用。

六、总结

通过现场防渗的实际效果和伴随施工过程进行的大量测试结果反映，预应力技术在上海科技馆工程的地下室外墙应用中取得了成功，有效防止了有害裂缝的发生发展。通过本工程的实践，我们有以下几点收获：

1．地下室外墙中使用预应力技术，增强了结构抵抗变形的能力，效果十分明显。尤其是大大提高了采用大坍落度大水灰比的泵送商品混凝土结构的抗裂能力，减少裂缝产生，限制裂缝宽度的开展，达到依靠结构自身来防水、防潮的目的。

2．地下室外墙板采用预应力结构为国内少见，特别是对半圆弧型超长结构地下室外墙施加预应力，属国内首创。从设计思路到施工工艺都是大胆的创新，从实践效果看十分理想。

3．半圆弧型地下室外墙结构处在其上下均有刚度较大的底板和楼板约束的状态下，能否实施有效的预压应力来抵抗混凝土收缩和温度变化产生的拉应力，对设计和施工都是一个关键课题。在实施中通过对混凝土中压应力的变化和外墙裂缝的变化进行了长期跟踪测试。从测试结果来看，混凝土中压应力数值与设计所要求建立2Mpa压应力的意图相吻合，从而证明了设计计算模型的正确性。

4．从本工程实践看来，地下室在上下两端处于刚度较大的底板、楼板约束作用下，预应力钢筋的长度以50～60m为宜。这样可尽早在混凝土中建立稳定的压应力，提高混凝土的早期抗裂能力。

5．预应力技术能有效地控制裂缝的产生和开展，对上海高地下水位、高饱和土层中的地下室的防裂抗渗有显著效果，前景十分广阔。但预应力钢筋成本较高，应根据工程的实际有选择地应用，同时应辅以其他有效的防裂方法，以满足经济合理的要求。

第四节 风洞试验

一、试验目的

上海科技馆建筑物中间有一长轴67m、短轴51m、高41.6m的椭球形单层铝结构网壳，外包玻璃。网壳结构基本上与建筑东西两侧脱离，处于一种相对独立存在的状态，并因此在建筑中部形成了一个巨型的、门洞式的通透空间。

上海科技馆建筑高度虽然不大，但体量大且体型复杂。为合理进行其抗风设计，特别是建筑物中部空旷的单层网壳大球体及其玻璃幕墙设计，上海科技馆业主——上海科技馆建设指挥部经和设计院商议决定进行模型风洞试验。试验包括动态测压试验和均匀流场测压试验两部分。动态测压试验对大气湍流边界层进行了模拟，测量了建筑物各段表面上的脉动风压系数，包括平均值、最小值、最大值、均方根随风向角的变化。均匀场中对上海科技馆中段屋面及大球体表面的风压系数进行了测量，试验目的主要是为大球体结构设计及幕墙设计提供参考数据。

二、试验方案

(一) 仪器设备

上海科技馆模型风洞试验是在南京航空航天大学空气动力研究所NH2低速风洞中进行的。该风洞是一座串置双试验段闭口回流式风洞。大试验段长7m，宽5.1m，高4.25m，最大风速31m/s，平均湍流强度为0.5%。小试验段长6m，宽3m，高2.5m，最大风速90m/s，平均湍流强度为0.1%。为满足土木工程风洞试验要求，该风洞在大小试验段及其中间的第二收缩段铺设了全长为17m的木质地板，增设了大气湍流边界层模拟试验段，其标高与小试验段底壁的上表面相等。在地板起始端装设5个尖塔作为漩涡发生器，并在地板上根据要求布置大量立方体粗糙元以增加边界层厚度。在塔截面处装设格栅，以细调模型试验区的速度型和湍流强度型分布。模型试验区的地板上有一直径为2.3m的转盘，其中心距地板前端为14.4m。

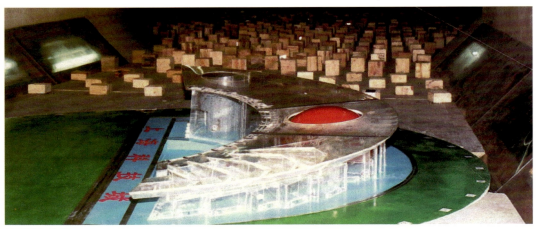

风洞试验模型

(二) 模型及测点布置

试验模型由试验单位南京航空航天大学制作,缩尺比例为1:200,其几何外形根据原设计略加简化处理。除大球体采用木质材料外,模型其余部分均采用4mm厚的有机玻璃制作。

为详细了解风压的分布情况,试验模型上共布置了668个测压点,主要集中在屋面、大球体、各幕墙立面及拐角处和形状多变的位置上。大球体表面共布置了157个测压点,分10层布置,每层均在同一平面内,其中9层和10层在大球体下部,各层具体位置见图3-32。第1层至第7层上沿环向均匀布置了数量不等的测压孔,其中第1层到第3层依次为1、4、12个,第4层到第7层每层24个,并自0度风向角开始沿逆时针方向依次编号(自北向南方向的风向角为0度,然后绕逆时针方向变化,间隔取10度)。由于大球体开洞的影响及支座标高的不同,8至10层分别布置了21、14、9个测压孔(测压孔均布置在大球体表面相当于网壳节点的位置上)。

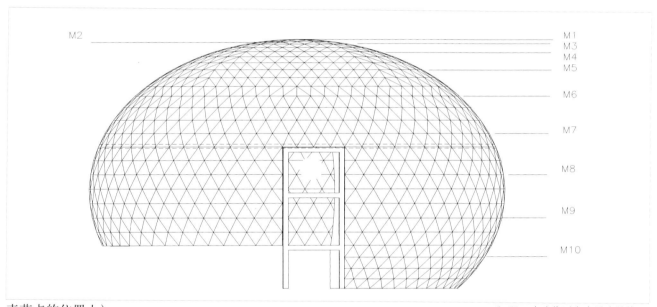

3-32 大球体测点布置分层情况

(三) 试验风速

根据上海市浦东新区花木行政文化中心规划总平面,上海科技馆周围较为空旷,按规范可取为B类地貌,梯度层高度(大气边界层高度)为350m,地面粗糙度$\alpha=0.16$。考虑到大气边界层速度型和湍流强度型模拟综合要求以及模型结构强度限制,选定模型顶部高度处的实验风速$V=20m/s$。

(四) 采样时间及频率

为求得各测点风压系数的平均值、最大值、最小值及均方根值,本次试验取4个相当于实际时间10min的波谱进行平均,每个波谱持续时间为6s,总采样时间为24s,采样频率取400Hz。

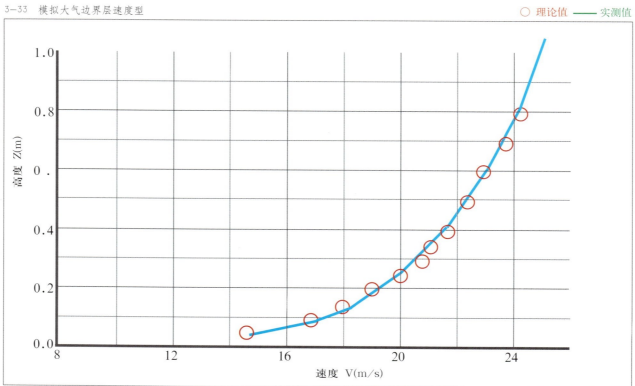

3-33 模拟大气边界层速度型　　　　　○ 理论值　── 实测值

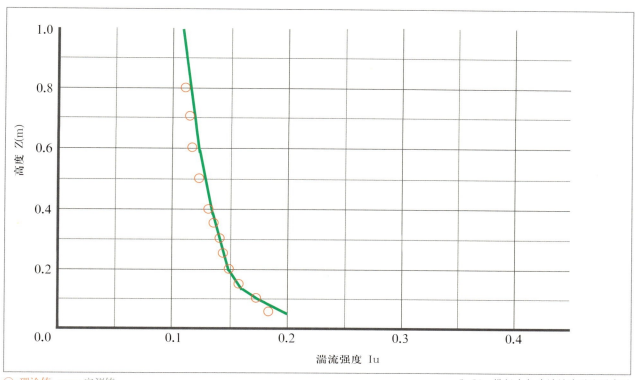

○ 理论值 —— 实测值

3-34 模拟大气边界层湍强流强度型

(五) 大气边界层模拟 高度 Z(m)

为模拟B类地貌大气边界层流场，试验时选择了合适的尖塔形状、格栅尺寸和粗糙元分布，进行了多次调试和测量，最后测得的速度型和湍流强度型如图3-33、3-34所示。从图中可以看出，所测得的速度型与理论速度型相比较，在0.8m高度以下符合得较好，测量的湍流强度型与理论值在模型高度范围内符合得较好。由此可以认为，模拟的大气边界层能达到试验规定的指标和要求，可以进行风洞试验。

三、试验结果和分析

(一) 试验数据及处理

由于NH2风洞的小量程测压模块只有7个，最多可测334个测压点，而试验模型上共布置了668个测压点，所以动态测压试验分两次做。对均匀流中测压试验，因只测量大球体及其旁边屋面，故只需做一次。

本次风洞试验测量了所有布点在不同风向角下脉动风压系数的平均值、最小值、最大值和均方值。另外，对大球体表面在均匀流中的风压进行了测量，得到了不同风向角下各测点风压系数的变化情况。

风压系数的定义为：

大球体第 7 层各测点风压系数最大值及风向角 β　　　　表 3-18

测点号	脉动风压系数及风向角		均匀流风压系数及风向角	
	最大正压(β)	最大负压(β)	最大正压(β)	最大负压(β)
7-1	1.256(30)	-0.558(180)	0.460(320)	-0.338(190)
7-2	1.031(310)	-0.628(180)	0.459(310)	-0.345(200)
7-3	0.784(310)	-0.640(180)	0.284(310)	-0.367(190)
7-4	0.415(0)	-0.519(220)	0.037(280)	-0.372(200)
7-5	0.213(100)	-1.558(30)	0.020(110)	-1.050(30)
7-6	0.718(140)	-1.053(20)	0.252(150)	-0.654(40)
7-7	1.063(170)	-0.914(30)	0.513(150)	-0.632(40)
7-8	1.360(170)	-0.925(30)	0.647(150)	-0.581(40)
7-9	1.424(170)	-0.962(30)	0.687(130)	-0.552(40)
7-10	1.588(160)	-0.723(30)	0.776(150)	-0.507(40)
7-11	1.460(160)	-0.629(220)	0.734(170)	-0.480(40)
7-12	1.436(170)	-0.637(30)	0.687(170)	-0.483(40)
7-13	1.562(180)	-0.596(30)	0.773(190)	-0.433(40)
7-14	1.493(180)	-0.668(40)	0.699(200)	-0.495(40)
7-15	1.358(190)	-0.733(50)	0.636(200)	-0.492(40)
7-16	1.177(180)	-0.617(50)	0.537(180)	-0.510(40)
7-17	1.213(180)	-0.688(50)	0.409(180)	-0.504(40)
7-18	0.417(100)	-0.724(20)	0.067(110)	-0.533(40)
7-19	0.384(100)	-0.929(40)	0.076(110)	-0.631(40)
7-20	0.446(0)	-0.512(190)	0.137(320)	-0.371(190)
7-21	0.764(30)	-0.441(190)	0.335(320)	-0.332(190)
7-22	1.061(20)	-0.520(170)	0.399(320)	-0.347(190)
7-23	1.736(350)	-0.503(250)	0.620(10)	-0.348(200)
7-24	1.438(10)	-0.645(170)	0.646(320)	-0.385(210)

$$C_p = \frac{\rho - \rho_H}{0.5 \rho V_H^2} \quad (1)$$

式中：ρ 为测点的风压，ρ_H，$0.5\rho V_H^2$ 分别为模型顶部高度处来流的静压和动压。

(二) **大球体风压分布**

限于篇幅，试验结果在此不能一一列出，表 1 给出了大球体风压分布较大的第 7 层上，各测点风压系数的最大值及其对应的风向角。

从表 3-18 可以看出，对于每个测点，无论是正压还是负压，最大脉动风压和最大均匀流风压相对应的风向角非常接近，大多数相差20度以内，少数测点相差50~60度。接近的风向角下，每个测点的最大脉动正压一般为该点最大均匀流正压的2~2.5倍，而负压则为1.2~1.5倍。

所有大球体测压结果表明：

1. 大球体顶部（1，2，3层）所有测压点在任意风向角下平均风压系数均为负值（吸风），为负压控制。

2. 在均匀流中大球体表面风压系数的最小值为-1.18，出现在5-14点，即第5层上编号14的点，风向角200度。风压系数的最大值为0.78，出现在7-10点，风向角150度。大球体上未出现绝对值更大的负压。分析原因是由于球体最大横截面附近处于屋顶面之下，上方屋顶及两侧墙的遮蔽作用所致。

3. 在大气边界层流中，大球体表面脉动风压系数的最小值为-1.56，出现在7-5点，风向角30度。脉动风压系数的最大值为1.74，出现在7-23点，风向角350度。

(三) 其他的试验结果分析

上海科技馆所有测点的试验结果均已列入"上海科技馆模型测压风洞试验报告"。从试验结果可以看出：

1. 从同一风向角下建筑表面上各测点平均风压系数的测量结果可以看出：迎风面基本上是正压，背风面基本上是均匀负压。当气流从正压立面绕过棱角时会产生气流分离，此时近棱角背风侧会出现较高的负压峰值。随着离开棱角的距离增加，负压逐渐减小，然后趋向分离区的均匀负压值。

2. 上海科技馆中段屋顶内外均受到风力的作用，因此其内外风压差是设计该屋面的重要外荷载。

3. 上海科技馆东段（标高高处）屋面脉动风压负值最大（绝对值），全部668个测点中所有风向角下脉动风压系数的最小值（绝对值最大）为-4.91，出现在东段屋面上柱型装饰的外测，风向角345度（近北风）。此处出现最大负压是由于气流从屋面北方来，越过墙后形成强分离区所致，类似于绕屋檐的流动。

4. 上海科技馆东部南立面屋檐上边缘脉动负压最小值（绝对值最大）为-4.08，下边缘脉动正压最大值为1.86，正负压力叠加，形成较大风荷载。

5. 上海科技馆各立面上均未出现较高的脉动最大负压，但各立面上的脉动最大正压均比较大，最大为1.96。幕墙玻璃设计时应引起注意。

(四) 结语

为上海科技馆建筑结构抗风设计提供原始数据，进行了科技馆缩尺模型风洞测压试验。从各测点脉动风压系数的最大值可以看出，除东段南立面挑檐及屋面上柱形装饰外侧出现-4.0以上的最大负压外，其他各测压面上最大负压均比较小。相反各测压面上均有较大的正压存在，分析其原因是由上海科技馆建筑本身较独特的构形决定的。由于没有象高层建筑那样典型的横向流动，故各立面上脉动风压的最大负压均较小。

第五节 单层网壳

一、概述

(一) 工程概况

上海科技馆的主体建筑覆盖在一片由西向东缓缓升起的巨型翼状屋盖之下,犹如历史演进的一个片段,并借以表现"推进、发展、腾飞"的主题。

在这座充满动感、充满遐想的建筑中,位于中央的卵球型玻璃大厅可以称得上是点睛之处。完全通透的球壳内还有一个金黄色的小球体,如同在蛋壳中的蛋黄。这一独特的造型蕴寓着"生命起源"的涵义,因此恐龙馆就设在这个大厅中。

球体如同一个单独的建筑置于主体建筑中央的屋盖和基础之间,仅在东、西各设了一个两层高的混凝土门框。通过门框有一座天桥穿过球体,并与两边建筑的其他部分相连。以门框为界,球体南面支承在主体混凝土结构的0.000m平台上,而北面支承在-7.200m平台上。位于南面的±0.000m平台是科技馆的贵宾通道,球壳在此设有一个门洞。位于北面的-7.200m平台与球壳外面的大型下沉式广场相平,透过玻璃球壳,广场的景观被引入室内。在球体的正上方的屋盖部分,设计师别具匠心地辟出一个巨型的圆洞,玻璃球顶从圆洞伸出屋盖,沟通了屋顶上下的空间,天光云影直接引入大厅,使内外空间融为一体。

这个卵球型大厅的长轴67m,短轴51m,在±0.000m以上的球体高35m,以下部分高7m。

卵球体的位置、造型和规模使之成为整个建筑中最具表现力的建筑空间,同时这也是工程中结构最为复杂、技术要求最高的部分。

(二) 卵球体的基本情况

1. 基本构造

卵球体是由单层空间网壳和透明夹层玻璃面板构成的。

本工程的结构采用的单层网壳,可以减少常见的螺栓球节点立体网壳由于节点多、杆件多而带来的视觉障碍,增加通透感和使用空间,这正是业主和设计师的用意。

2. 单层空间网壳结构

本工程的单层空间网壳采用的是铝钛合金网壳结构,这是由美国泰康公司(TEMCOR)定制生产的一种纯安装体系。结构由铝钛合金的杆件和节点板作为两大基本构件组成。杆件的基本截面呈"工"字型,高度为254mm。圆形的节点板厚度为9.5 mm,直径为450 mm。杆件通过305系列不锈钢螺栓与节点板连接。球壳网架支承节点采用不锈钢异形节点板与混凝土中的预埋板焊接固定的。

3. 多层玻璃面板

作为面板的玻璃为8+12A+8中空夹胶安全玻璃,其中"赤道线"以上部分的夹胶玻璃在球体内侧,以下则反之。玻璃加工成三角形,上部玻璃有点式遮阳图案,其密度自上而下递减。

(三) 技术难点及研究实施的概况

上海科技馆中的这个卵型球体从建筑效果、造型、规模到受力情况、节点处理及安装工

艺都具有特殊性和创新性。为了使这个球体能顺利建成，参与各方从选型到设计、安装进行了大量的研究和实践。

1. 方案选择与结构选型；
2. 这个处在主体建筑内，但又四面受风的特殊建筑在风荷载下的受力情况；
3. 球体的设计承载力和稳定性分析；
4. 球体的杆件、节点和支承设计；
5. 球体的节点受力分析；
6. 包括定位控制、埋件设置、安装工艺在内的球体安装技术和工程质量标准。

二、方案选择

上海科技馆中部大空间椭球形大厅是建筑师刻意表现的几个主要元素之一。建筑师要求这是一个通透感强烈，表面光滑、流畅的卵型球体。因此较理想结构方案是采用单层网壳结构。由于该网壳结构体量大，不同部位支撑于不同标高处，外包中空夹胶玻璃荷载较大，而且球体表面不同部位开有若干大门洞，形成结构的薄弱环节。从建筑方案选定开始，我们就充分意识到大球体的结构设计是该工程结构设计最复杂、技术要求最高的关键部位之一。在由上海市建委科技委组织下进行的上海科技馆结构设计论证会上，专家们也强调指出，该网壳结构设计是本工程设计的重点，并对其整体分析、支承处理、温度影响、制作安装等提出了原则性意见。

(一) 网壳材料选择

该网壳结构考虑了采用钢结构和铝合金结构两种可能。最初的设计采用钢结构，材料Q235，杆件断面为 $\phi200$ 和 $\phi300$ 圆管，壁厚为14mm和18mm，节点为焊接鼓形球节点。

3—35 钢管、鼓形节点模型

1. 采用钢结构的特点

整体刚度好，造价较低，但杆件、节点尺寸较大结构自重大，建筑体型不够轻盈。同时，制作安装时的焊接工作量很大，精度控制困难，难以满足安装玻璃面板的需要。

2. 采用铝合金的特点

在进行钢结预研的同时，我们也考虑了采用铝合金结构的可能性。和钢结构相比，铝合金结构最大的特点是重量轻，因此可以减小杆件及节点的尺寸。另外，铝结构的制作、安装可以减少大量的焊接工作量。但铝合金材料的弹性模量仅为钢材的1／3，所以铝结构的刚度较差，特别是几个巨型门洞更是削弱了其整体刚度，因此要充分考虑到其变形对结构受力及外包玻璃的影响。

经过综合考虑，并对国外的情况进行研究后，最终确定采用铝合金结构的单层网壳，并委托在这方面有丰富经验的的美国TEMCOR公司进行具体设计、制作。

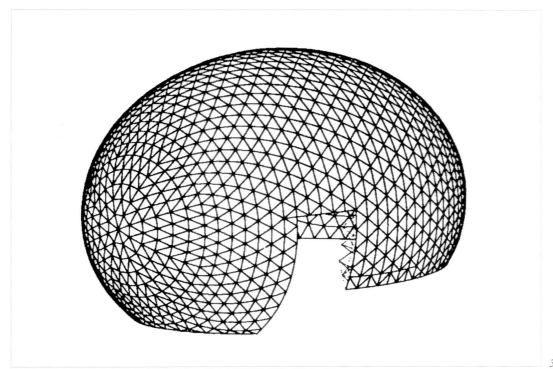

3-36　竖向网格模型

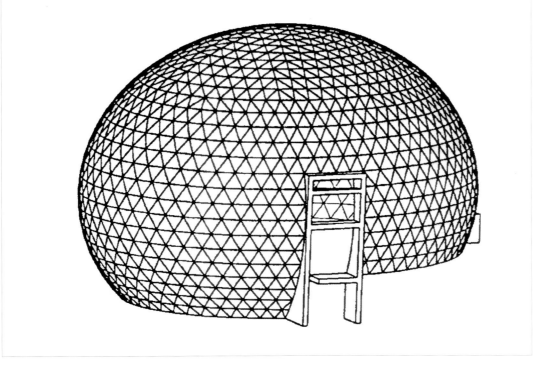

3-37　横向网格模型

(二) 网格划分

考虑到三向交叉网壳的网格划分形式主要有两种，如图 2 所示。不同的网划分不仅影响到建筑效果和结构内力分布，而且对杆件、支座、节点以及三角形外包玻璃种类的多少有很大影响，以至影响到最后的制作与安装。TEMCOR 公司曾针对该工程进行了比较，认为竖向划分(图 3-36)形式不仅结构受力较为合理，而且杆件、支座及节点的种类少，便于加工制作。但 RETK 的建筑师又认为，从建筑效果看，竖向划分将使网格聚焦点出现在南、北立面中心的显要位置，聚焦点及周围网格收缩变换产生的异型结构将很明显，而且可能影响到立面效果的连续、流畅。另外，竖向划分将造成网格落地处最接近人的地方出现许多不规则的几何形状，直接影响建筑、特别是内部空间的效果。在征求各方意见的基础上，最终确定的网格划分形式为横向划分，如图 3-37 所示。

三、结构分析及验算

(一) 分析验算的目的

上海科技馆作为上海市的标志性建筑和 APEC 主会场，具有很重要的地位。作为主进厅的卵型大球体，所采用玻璃面板的铝钛合金单层网壳结构体系，国内首次使用，而且这个球体在本工程中所处的位置很特殊，体量又很大，结构的安全性很重要，因此有必要对其进行结构分析验算。

(二) 荷载取值

该网壳结构最终采用的荷载值为：

1. 静荷载

$0.97kN/m^2$，包括网壳自重 $0.2kN/m^2$ 以及玻璃重量 $0.77kN/m^2$，玻璃为 3 层中空夹胶玻璃；

2. 活荷载（检修荷载）

$0.3kN/m^2$；

3. 折算的附加荷载

$0.3kN/m^2$。其中包括 8 个吊点的悬挂荷载（每个吊点 800kg，至少分两个节点悬挂）、考虑悬挂灯具的荷载，每个节点 50tg 以及局部马道荷载；

4. 风荷载

按基本风压 $0.55kN/m^2$ 以及实际风洞试验结果的不利情况考虑；

5. 温度作用

按两个区域分别考虑，突出于屋顶部分，取($T=80℃$) 参考上海现行"建筑幕墙工程技术规程"(DBJ08-56-96)，上海地区年平均温度变化为($T=80℃$)，其余屋顶以下部分考虑到实际情况，取($T=56℃$)；

6. 抗震设计

按 III 类地区 7 度设防。

(三) 结构验算及结果

1. 该网壳结构的内力和变形计算采用专门的三维梁单元有限元分析程序完成,分析程序中考虑了杆单元的扭转及剪切变形的影响。

2. 计算时首先将屋面荷载转化为梁单元上的线荷载,并根据规范要求考虑了多种荷载工况,包括静荷载、活荷载、温度作用及不同方向的风和地震作用。计算结果表明,由地震或风作用引起的杆件内力较小,对杆件设计不起控制作用。

3. 从计算结果还可以看出,无论是支座反力还是杆件内力都基本上以温度参与组合的荷载工况下达到最大,如工况为静荷载、活荷载、温度作用下三个方向(X, Y, Z)上最大支座反力分别为157.3kN, 303.0kN, 485.9kN,门洞支座附近个别杆件最大组合应力达容许应力的90%左右,而单独地震或风作用下杆件最大组合应力仅为容许应力的30%左右。所有工况下,杆端弯矩及扭矩都较小,对于杆件节点螺栓连接受力非常有利。

4. 另外,计算结果表明,节点竖向位移以网壳顶部节点较大,最大为4.3cm左右,两个水平方向节点最大位移发生在球体中部最大直径的下一圈节点处,分别为2.8, 3.3cm左右。较小的结构位移为玻璃的安全安装提供了保证。

四、杆件与节点设计

(一) 杆件设计

该网壳结构杆件设计按美国铝协会(The Aluminum Association)设计规范采用容许应力设计法进行。设计同时满足中国有关设计规范的要求。杆件所有材料均采用6061-T6铝合金,极限强度42ksi (290N/mm^2),屈服强度35ksi (241N/mm^2)。材料容许应力根据应力类型、杆件及截面形式采用公式进行计算,设计时将结构分析所得杆件组合应力与材料容许应力进行比较,总共3300余根杆件最终采用3种截面类型。截面总高度皆为254mm,翼缘尺寸分别为158×7.8mm;172×9.5mm;215×11.6mm。腹板厚度分别为4.8, 5.8, 7.8mm。截面较小的一种杆件用在结构顶部(10圈节点以上部位),截面最大的一种杆件主要用在靠近门洞支座处,其余部位大部分杆件均采用另外一种截面。所有杆件中除个别门洞处杆件应力较大外(容许应力的70%~90%),绝大部分杆件应力都较小。

(二) 节点设计
1. 一般节点

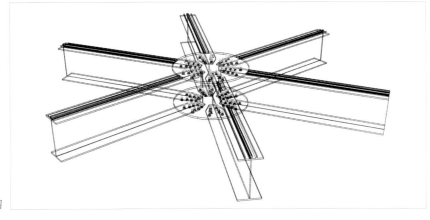

3-38 节点详图

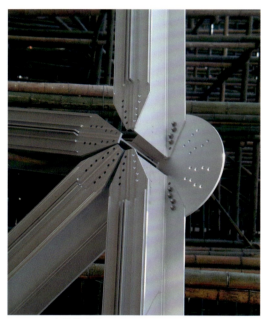

3-39 网壳结构节点

该网壳结构节点全部采用节点盖板螺栓连接（如图3-39所示），板平面为圆盘形直径φ400，φ450，材料为铝合金型材6061-T6。紧固螺栓采用305系列不锈钢，螺帽采用6061热处理铝合金。

2. 支座节点

支座节点采用304不锈钢，见图3-40。

所有杆件及节点板在工厂制作时均精确打好螺栓孔，现场安装时使用特制工具进行螺栓连接，不仅安装速度快，而且严格保证了安装精度。3000余根杆件仅用了40多天全部安装完毕，径向安装误差不到千分之一。

(三) 支承设计

1. 椭球体支撑特点

该网壳结构的支承设计十分复杂，分两大部分分别支承于不同标高处(-7.20m，±0.00m)的两个环梁上。支承标高变化处有两个巨型门洞，供人行天桥穿过，另外，球体南面设有一高5m宽、10m的VIP入口，门洞处网壳结构通过支座侧向支承于钢筋混凝土门框上，如图3-41所示。

支承结构设计的难点在于门洞支承设计。由于铝结构网壳由TEMCOR公司设计，而支承结构——钢筋混凝土门框由上海建筑设计研究院设计，故必须要求双方设计密切协调配合。钢筋混凝土门框作为铝结构的弹性支座，其支承刚度是这样确定的，首先由TEMCOR公司提供初步的支座反力，然后由上海院进行门框变形计算以确定刚度，将初步确定的支座刚度反馈给TEMCOR公司。TEMCOR公司据此刚度重新计算支座反力以对刚度进行修正，这样

第三章 结构与施工

3-40 支座节点

3-41 门框支承及预埋件

确定最终的弹性支座刚度。

设计过程中着重两方面：

(1) 主体结构设计充分考虑网壳球体所需要；

(2) 网壳设计对主体结构支撑条件分析，取有一定范围的支座刚度值。

五、节点受力分析

(一) 概要

1. 节点共有六根工字型截面杆件、上下两块铝合金节点板，通过紧固螺栓与杆件连接。各工字型截面杆件形心主轴不在同一平面内，互成角度。与其他形式的节点相比，这种节点具有结构简单轻巧、节约材料、不需要焊接、施工方便、形式美观等优点。

2. 节点在网壳结构中具有特殊的作用和重要性。因为每个节点上连接杆件很多，各杆件处于空间位置是多方位的，通过节点传递三维力流也很复杂，节点设计的好坏，无疑是网壳结构成败的关键之一。在研究过程中对节点的三维受力运用Ansys软件进行了有限元分析，目的在于了解整个节点的受力情况，进而探寻其破坏机理。

(二) 基本假定

a. 螺栓一端与节点板固定，另一端与杆件固定，且不考虑螺纹的影响；

b. 弹性分析；

c. 不考虑杆件的扭矩及节点平面内弯矩的影响；

d. 加载时边界条件的性质保持不变。

(三) 分析模型的建立

a. 杆件

根据工字型截面杆件、连接螺栓以及与连接板的空间位置、尺寸关系建立局部坐标系，在局部坐标系中，先建立一个工字形截面和一条与杆件平行的直线，将截面沿着直线延伸一定的距离，即可完成杆件的建模。

b. 节点板

因为节点板并非平面薄板，而是略有弯曲，故建模较为复杂。就整个网壳而言，其外表面为椭球面，节点板应该是椭球壳的一部分。现在近似将节点板作为球壳的一部分，首先建一个球面，球半径取椭球长轴半径和短轴半径的平均值。然后根据节点板的尺寸，在球面上选定一短线段，将此线段沿着某一中心轴旋转得一曲面，将曲面沿着其法线延伸节点板得厚度即得节点板。

c. 螺栓

假定螺栓为剪切型。SYZ SXY S1 S2 S3

(四) 网格划分

a. 单元类型的选择

杆件、节点板和连接螺栓都采用8节点四面体三维实体单元，每个节点有3个自由度。

b．单元网格尺寸的确定

考虑实际工程情况及计算机性能、计算速度等因素的影响，将节点区域划分成若干块，然后再逐块进行单元划分。

(五) 边界条件以及加载处理

a．节点区域六根杆件的受力情况实际上是空间自相平衡的复杂力系，准确的模拟节点的实际受力状态是十分困难的，为简化分析，对一根杆件加了固定面约束，参考整个网架结构杆件的内力情况，节点分析中对在没有约束的五根杆件仅施加了垂直于节点平面方向上的弯矩和轴向面压力。

b．参考结构的内力分析结果，所加荷载的大小为：从约束杆件开始，俯视逆时针，第一根杆：M=20kN·m，面力：p=30MPa；第二根：M=15 kN·m，p=40MPa；第三根：M=30 kN·m，p=35MPa；第四根：M=20 kN·m，p=25MPa；第五根：M=25kN·m，p=50MPa。

(六) 结果分析及讨论

a．螺栓

根据Ansys列出的应力数值，找出应力相对比较大的螺栓，然后对这些螺栓进行分析。

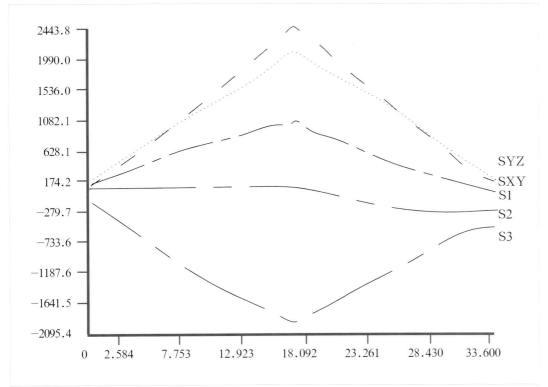

3-42　螺栓的剪应力和主应力图

图3-42为上节点板中部螺栓的剪应力、主应力沿中心轴长度上的变化图。

说明：横坐标代表的是螺栓的中心轴线，单位是mm。纵坐标表示沿着中心轴线各点的应力变化，单位是0.1MPa。SYZ代表YZ平面法线方向的剪力，S1代表主应力，SX表示沿X轴的正应力。

主应力图和剪应力图反应出螺栓受力最大的部位，大约在杆件翼缘与节点板交界处。主应力图线与剪应力图线大致相同，这表明螺栓受力是以剪应力为主的，而正应力很小。最大的拉应力（主应力）为235MPa，最大压应力（主应力）约为210MPa。最大剪应力沿x轴向，约为200MPa。与最大主应力近似相等。由此可以判断此螺栓的破坏应以剪切破坏为主。螺栓的剪应力、主应力沿中心轴长度上的变化图。

通过对各个部位螺栓的分析比较可以看出，螺栓的主应力图的形状与其剪力图具有一致性，也就是说螺栓的受力是以剪力为主的，这是因为各工字型杆件的受力以轴力为主而产生的结果。工字型截面上的弯矩只起了很小的作用。在同一根杆件的翼缘板与节点板的连接螺栓中，其产生的位移、最大剪应力、最大主应力都近似相等，由此可进一步判断这些螺栓的受力基本上是均匀受力的，即并不存在哪一部位的螺栓先被剪坏的问题。另外，通过对螺栓杆位移的分析可以认为，螺栓杆发生弯曲破坏的可能性不大。

b. 节点板

从应力图上可以看出，正应力图线与主应力图线相一致，由此可知：剪应力相对于正应

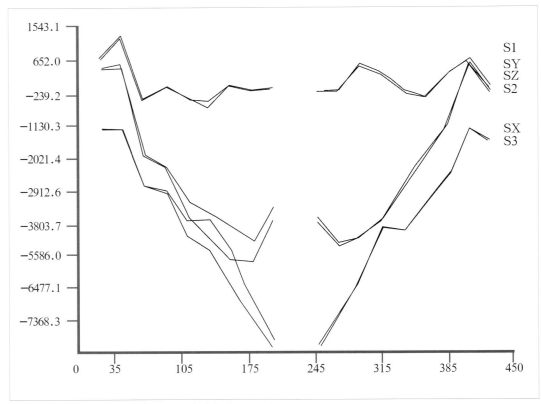

3-43 上部节点板应力分布曲线（纵坐标单位是0.01MPa）

力来说非常小，几乎可以忽略不计。对于节点板而言，越靠近边缘，应力越小，这是因为杆件上的力首先通过边缘上的螺栓传递给节点板一部分力，然后再通过第二排螺栓传递一部分，这样直到将全部力传递给节点板。而且还可以很明显地看出，在螺栓孔处发生了应力集中。最大主应力在节点板内边缘处，压力约为73.7MPa。此应力与节点板的极限强度相差很大。

另外，节点板位移图表明，在X方向上的位移较大，主要是因杆件沿X向的位移引起的，即节点板本身在X轴向上并没有大的弯曲，在Y，Z轴向上也没有大的弯曲。由此可知，节点板不大可能产生过大的弯曲变形。

下部节点板和上节点板特征相似，其剪应力都很小，以正应力为主。

c. 杆件

翼缘板最大剪应力在翼缘板的中部，沿y轴方向，约为13.4MPa，而正应力约为-46.3MPa；腹板最大剪应力在腹板与翼缘板的交界处，沿Y方向，约为10.7MPa，最大正应力约为31.3MPa。

腹板上的剪应力和正应力都没有翼缘板上的大，这主要是在工字型杆件的弱轴（X轴）方向上也受到较大的力的作用的缘故。也正是基于这一点，翼缘板设计时用了较大的尺寸。

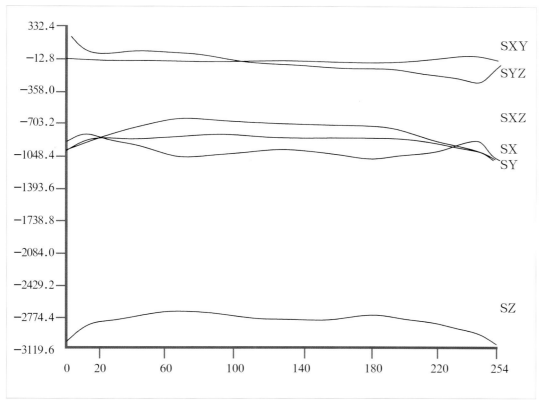

3-44　翼缘板剪应力和正应力图（纵坐标单位是0.01MPa）

d 结论

① 节点上应力最大的点在螺栓和节点板上。

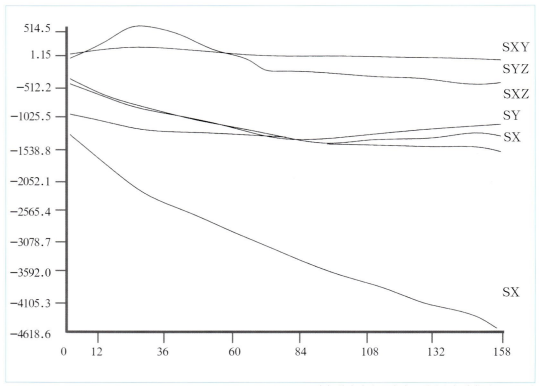

3-45 腹板剪应力和正应力图（纵坐标单位是0.01Mpa）

② 相对于节点板和杆件，螺栓受的应力较大，是较为薄弱的一个环节，且以剪切为主。节点板的受力以正应力为主，相对于螺栓来说较小。

③ 杆件相对较为安全，一般不会发生材料的强度破坏。

④ 上、下节点板受力情况基本相同。

六、球体安装技术

卵球体是由纯安装体系的铝钛合金网壳与玻璃面板组成的新型建筑体系，在安装过程中必须处理好空间定位、杆件安装、节点固定、玻璃安装等问题，同时由于没有现成的规范，因此必须制定相应的施工规程和质量标准。

(一) 空间测量定位和埋件设置

由于铝钛合金的网壳是纯安装体系，其所有构件在美国生产，构件上的螺栓孔是由精密数控设备加工出来的，而且杆件是通过螺栓与节点板相连，组成稳定的三角形，并彼此相连最后闭合成一个球体。螺栓与螺栓孔之间几乎没有调节的余地，因此对球体空间定位特别是支座节点的定位要求特别高。

1. 空间测量定位方案

球壳埋件及节点原设计均以椭圆长短轴为坐标系原点,而该坐标系与建筑坐标系的轴线成10度夹角。为便于采用同一坐标进行控制及复核,首先将原设计提供的埋件标高的尺寸转换成建筑坐标系尺寸。计算得到球体上杆件节点中心在建筑坐标系中的三维空间坐标,这样便有了进行测量控制的数据,可以在此基础上进行测量控制。

测量控制采用全站仪进行,同时通过计算机对数据进行分析。考虑球壳内侧搭设满堂脚手不便于测量,在安装的过程中将仪器设在球壳平面投影外进行控制。在螺栓紧固、支座焊接和玻璃安装过程中,我们通过全站仪进行跟踪测量,并对数据进行计算机处理,使球体的安装始终处于监控之中。

2．支座埋件的设置

在整个安装过程中支座安装精度的控制是关键,而支座埋件的正确设置是基础,总共105块埋件分布在-7.200m、±0.000m两层平台和三个门框上,整个埋设过程采取"初定位→复核校正→初步固定→闭合复测→最终固定"几个步骤,在全站仪控制下进行。

(1) 初定位

利用椭圆中心标志和轴线控制标志在模板上定出埋件位置,放置埋件后临时固定。

(2) 埋件复核校正

采用建筑坐标系分别对105个埋件进行复核校正。然后,以椭圆中心坐标系构成测量体系,再次对埋件进行复核校正。

(3) 埋件初步固定

两次复核、校正完成后,即将埋件用电焊初步固定在埋件固定支架上。

(4) 闭合复测

以椭圆中心和任一埋件的中心构成测量体系,对埋件逐个进行复测,结果发现埋件环向偏差和积累偏差均在5mm范围内,符合要求的偏差<10mm的要求。

(5) 最后固定

对固定好的埋件用电焊加固,操作应对称进行,以防止埋件受热变形偏位。

(二) 球体杆件的安装

1．安装关键

杆件安装的关键是支座与埋板的连接,要确保支座的安装精度达到美国泰康公司设计的±3mm公差要求之内。球体的支座其实是一块异形的节点板,采用不锈钢材料制作,节点板将焊在埋件上。因此支座的安装精度成为安装过程中的关键。

2．支座安装

为了保证支座的安装精度,我们对每个埋件的实际埋设位置进行了实测。对每块埋件的中心和四角点采用全站仪测得其三维坐标值,然后这些数据被输入计算机,以此为依据对原设计的支座节点尺寸进行调整,按照新的尺寸加工的节点消除了埋件设置过程中的细小误差,使支座与埋件更贴合。

由于支座安装的精度要求极高,如果先固定支座再安装杆件,微小的支座安装偏差将使杆件存在多余的附加应力,而且很可能难以使球体闭合。为此,我们采取了支座后固定的安装方法。即先在埋件的中心位置临时固定一个支座限位件,使支座可以临时靠在上面,开始逐圈安装杆件；当第一圈完全闭合的杆件安装完成，并经测量复核正确后，对支座与埋件之间用点焊固定；待杆件全部安装完成后将支座节点板与埋件完全焊接；在焊接的过程中采取对称施焊，防止焊接变形。

3．第一、第二阶段安装 −7.200m 至 16.000m 杆件

(1) 由于球体基础南面部分埋件在 ±0.000m 平台上，北面埋件 −7.200m 平台上，而且 16.000m 以下有三个混凝土门框阻隔，因此网架 −7.200~16.000m 部分的水平截面只是椭圆的一部分，铝钛合金网架拼装在这一范围内无法整圈水平安装，故需实施牵拉和节点支撑来控制这部分装好杆件的标高和不使这些杆件增加侧向受力，以防铝钛合金网架在未成整体的情况下受力过大造成变形过大以影响第一圈椭圆环的合拢。

(2) 牵拉钢索一端固定在周围结构上，另一端通过木板和橡胶垫衬拉住杆件，借助拉索的微调螺栓和全站仪将下部一小片网架节点较准确地定位在设定的空间位置上。

(3) 这一部分的杆件安装分成两个阶段，第一阶段安装左右两个高门框北侧部分，装至 16.000m 标高止；第二阶段安装南面部分。

4．上部杆件施工

(1) 高门框顶部以上部分的安装是杆件安装的第三阶段，首先定位大门框两个角部的支座，修整并临时固定之后，以水平方向逐圈往上安装，每一圈都配有全站仪对关键节点进行空间测量来核定所在位置正确性。当网壳安装到第 16 圈时，对所有支座进行定位，并点焊固定，然后再逐圈安装至网壳顶部，用全站仪复核网壳是否与设计公差有出入。测量位置正确后对支座与埋件用不锈钢 308# 和 307# 焊条进行焊接。支座焊接完毕后，逐一拆除临时钢拉索。

(2) 在整个安装过程中，杆件通过栓钉与节点板联结，加上美国的专用工具有可靠的保证，网壳作为纯安装施工，安装十分顺利，一次取得成功。

(三) 壳体外部玻璃的安装

玻璃是用铝合金的压板通过螺栓固定在杆件上的。

1．玻璃尺寸的复核

玻璃尺寸的准确性直接影响到工程的质量和进度，所以在网架安装完成后，在铝钛合金结构上放线，作为玻璃安装的控制线，同时以此为依据对玻璃尺寸进行复核。

2．玻璃安装

考虑到网架上承受的荷载较大，为了防止因荷载较大而产生的网架变形，在玻璃的安装过程中应对称施工。根据球体玻璃安装的实际情况，玻璃安装分三个阶段。

(1) 上部玻璃安装

上部玻璃在安装时不产生侧向力，玻璃不易造成滑移现象。施工前先安装玻璃垫块，同时在两侧放置限位橡胶条，然后安装玻璃，待玻璃安装就位后，再固定三边铝合金压板，同时检查螺栓是否紧固，确保玻璃无松动及位移现象的发生。

(2) 侧向玻璃安装

侧向玻璃在安装时易产生向下滑移现象，在施工时应防止由此而造成的玻璃损坏。故在施工时应先放置下部玻璃垫块，待玻璃安装就位后再固定三边铝合金压板，同时检查下部压板螺

栓是否紧固，两侧压板待相邻玻璃安装完毕后方可固定。

(3) 下部玻璃安装

下部玻璃在安装时应由专人看护，防止玻璃倾覆现象的发生。在施工时先放置玻璃垫块和橡胶条，然后安装玻璃，待玻璃安装就位后再固定压板。

3．外装饰盖板安装

盖板均为外露形的，故盖板加工应按实测，严格控制盖板的加工精度，确保外立面美观。

4．清洁打胶

在每块玻璃安装完毕固定压板后，必须检查螺栓是否紧固，同时做好玻璃的清洁工作，在打胶时必须严格按照打胶工艺进行操作，打胶完毕后再做好玻璃及铝盖板的清洁工作。

(四) 工程质量标准及验收

由于卵形球体工程属新型装饰工程，其中的铝钛合金网壳是从美国TOMCOR公司引进的产品，而且铝钛合金网壳与玻璃面板的组合尚属首次，在国内还没有相应的验收标准。同时工程的质量要求极高，为了满足工程的需要，针对本工程的特点，参照上海幕墙工程验收规范及美国TOMCOR公司的企业标准拟定了一份关于本工程的验收标准，经过建委科技委专家审定作为科技馆铝钛网壳验收标准。

在施工过程中为防止渗漏，进行多次的淋雨试验，寻找薄弱环节进行处理，最终确保了球体的防渗漏性能。

第六节 屋盖安装

一、工程概况

上海科技馆由美国RTKL国际有限公司设计，呈半圆环螺旋结构，建筑造型非常新颖，整个建筑覆盖在一片由西向东缓缓升起巨型翼状屋顶下，屋面钢结构也随之呈螺旋上升，屋顶剖面由南到北由厚变薄的变截面，空间结构非常复杂。

屋盖平分为三个区，其中A区为螺栓球节点正方四角锥钢网架。B区位于中央大厅，由于卵形铝钛合金网壳大厅的布置，屋盖采用不规则的大跨度空间桁架结构。C区由于原水渠穿越分为二块，屋盖为30m跨度箱型钢梁构成，并设有5榀飞翼状的空间钢桁架构成的大天窗。

环状屋面内圆低外圆高，径向投影长度95.5m，屋面标高从11.36m至49m，屋面任一点标高均不同。

二、屋面施工的特点与难点

(一) 测量定位

由于本工程建筑体型新颖，屋面为螺旋上升曲面，常规的高层钢结构测量方法在此毫无用武之地，结构顶层虽有平面轴线控制，但钢结构搁置点柱顶标高都是各不相同，且差异较大，造成控制点多，均须采用空间三维坐标，屋面上任一点的XYZ都不相同，测量精度的要求也很高，给钢结构施工的测量工作带来较大难度。

(二) B、C区大跨度钢结构吊装形式多、工艺复杂

1. B区钢屋盖为大跨度的空间桁架结构，经向跨度87 m，中间最多有三个支点，最大净跨45 m，纬向跨度102m，中间最多亦为三支点，最大净跨45m，该区中最重钢构件约40t。

2. 在B区，由于半圆环的内圆弧一侧杨高路地铁车站的下沉式广场已先期施工，所以B区的钢结构吊装只能从外圆弧向内圆弧一侧进行钢梁吊装施工，而内外圆弧的径向长度达到95.5m。

3. C区因原水渠穿越，分成C1、C2二块，屋盖采用30m跨的型钢箱梁结构，将顶端连接成整片。其中原水渠两侧10m范围对荷载的要求比较严，要求每m^2小于8kN，对原水渠须重点保护，机械吊装时不能进原水渠30m范围内。

4. 在C区，由于原水渠从中穿越，原水渠东侧是C1区、B区。地下室、上部结构已完成，大型机械不可能进入C1区内进行钢结构吊装，原水渠C2区东侧条形基础和上部一层框架都已结束，能否在C2区单侧进行吊装，对原水渠侧的超载影响如何处理，而C区跨原水渠钢箱梁重达60t。

5. 在这种情况下，如何合理选择吊装机械，安排吊装顺序和工艺是钢屋盖工程的关键问题。

(三) 大面积施焊产生应力集中问题

焊接是安装的最后一道工序，也是容易发生变形的一大关键。由于土建结构施工现状，限制了屋盖钢结构的安装顺序必须由外向内，加上进度需要采用大量"十字劲板"节点，造成大量的焊接工作大面积同时展开，如何减少焊接应力成了比较棘手的问题。

(四) 螺栓球节点网架的空中安装

A区15000m^2大面积四角锥螺栓球节点网架在结构到顶后开始施工，由于工期十分紧张，其他工种的施工都在立体交叉进行，如果采用大面积搭设10m高的楼层施工排架，施工安全且方便，但将影响其他施工队伍的平行施工作业，且搭设10m高排架须一定时间，周转材料的费用也比较高。在这种特殊工期的作业条件的要求下，如何采取安全可靠、省时间、节约费用的施工方案来优化原来大面积脚手方案，从而保质量保工期来完成A区网架的拼装施工，成为必须解决的问题。

三、钢屋盖施工工艺研究

(一) 螺旋曲面钢屋盖测量定位

1. 由于科技馆屋面的特殊性，曲面上任一点的标高都不相同，所以混凝土结构柱顶的标高没有一个是相同的。

2. 钢结构屋盖施工时须对柱顶的每一埋铁的空间三维坐标进行复测，以保证钢结构网架结构安装支座位置的正确。

3. 利用AutoCAD软件在电脑上进行建筑制图和测量定位的精确内业计算，精确确定柱顶

标高坐标值 XYZ 及每一柱顶的中心距离 d，并在图中予以标明，作为实施测量定位的依据。

4．实际施工放样

科技馆工程体型较大，施工工期又紧，多工种多工序同时施工，造成测量通视条件差，而且各工期对测量的精度要求不一致，为了便于统一，总包按测绘院提供的 GPS 进行建筑物定位，然后在场外的建筑物上设立基站点，并与设在宝钢宾馆和另一栋高层上的基准点一起组成整个建筑的控制网，供各分包单位使用，每次进行定位测量均从该控制网引出。

5．在钢结构安装前，采用先进的 WILD 全站仪进行测距测角，标高采用自动准平水准仪，对柱顶埋件的位置进行全面复核，合格后才进入钢结构吊装施工。

(二) B，C 区钢结构施工工艺

1．B 区大跨度钢结构吊装机械的选择

在钢结构安装阶段，混凝土结构施工已结束，大型吊装机械已无法进入跨内施工，从现场的实际情况看，在半圆的外侧有大型吊装机械的开行道路，而半圆的内侧是下沉式广场，施工机械无法进入，而屋面径向直径有 95m，如何完成半圆内侧钢结构的安装，困扰我们很长时间。经反复研究和探讨后，认为在结构中间放置一台固定式大吨位的吊机进行中间传递吊装比较合理，查阅了吊机性能之后，选用 M440D 内爬式塔吊。该机起重力矩为 600t/m，M440D 塔机一般用于高层钢结构安装，而在此作为固定式塔吊使用，还是第一次，其自重及吊运时的扭矩弯矩剪力都比较大，因此经结构验算并征得结构设计同意后，塔机通过钢立柱将荷载传至底板。同时，在半圆外侧的施工道路上布置一台 DEMAG CC2000 (300t) 履带吊，既可作为结构吊装机械，又能安装、拆除 M440D 塔吊。在施工时，两台吊机相互弥补，接力吊运，同时施工，将整个 B 区钢屋盖完全覆盖，可满足所有构件的安装。

2．B 区内钢梁吊装

(1) 内圈钢桁架 SHJ-1 长 36m，重 30t，由 M440D 塔机分段安装，在 12A/J 轴处用 T60 塔机的塔身标准节设置成临时支架。临时支架高 31m，支架中心位置是二段钢桁架的连接处，支架下部与基础底板埋件固定，同时设临时浪风绳，确保其稳定。

(2) SHJ-1 每段 15t，M440D 塔机 L41.2m 大臂，吊装半径 34m，Q = 16t，性能满足要求。在施工的时候，半段钢梁由塔机吊运到位，作临时固定，后半段就位以后在高空进行焊接，作超声波检查合格后，拆除中间钢支架，完成 SHJ-1 钢桁架吊装，其他长梁也采用此法炮制。

(3) 内圈其他钢梁均由 M440D 塔机一次吊装就位。

(4) 针对 B 区施工实际状况，采用了 300t 履带吊，装拆内爬吊，安装外圈钢结构，固定爬吊，搭设临时钢支架，分段吊装长重构件，高空焊接拼装内圈钢梁的施工工艺，顺利解决了径向 95m 区域只能一边吊装的难题。

3．C 区

C 区吊装在"华山一条道"的情况下，在验算了 300t 履带吊施工时最大荷载和地面耐力的关系后，对原水渠西侧已施工完成的条基作了回填粗砂压实加两层钢走道的方案，使地耐力满足 12t/m² 的要求，并经结构设计同意后，使 300t 履带吊进入结构内直接完成钢箱梁吊装。

(三) 大面积施焊产生应力集中问题的解决

焊接应力的存在是很正常的，但是由于不规则的吊装顺序和大面积的同时施焊引起的应力集中是不允许的。这个问题我们是通过严格控制焊接顺序来解决的，在钢结构吊装之前，进行焊接工艺试验，做了对接试件，经检测合格后进行全面焊接。根据钢结构深化图及安装顺序确定焊接顺序，每一榀桁架两端不能同时施焊，连接孔开腰眼孔，以便释放一定的焊接变形，等一端冷却后再焊另一端。通过顺序控制，将焊接应力控制在最小范围内。同时又加强焊接过程中的控制，根据工程大量钢管桁架的特点，制定有针对性的焊接工艺文件，在钢结构加工及焊接工艺要领中，明确关键的部位操作要领，设定焊接过程中的检查停置点。如通过对焊接参数检查、焊前预热温度、单件桁架焊接、组装顺序、连接处剖口焊式、圆管处相贯情况检查，确保了焊接工艺在受控状况下施工，有效地降低焊接应力，控制构件变形，保证了吊装的精度。

四、A区网架施工工艺

A区网架平面面积约15000m^2，网架形式为螺旋球节点正方四角锥结构网架，下弦支承在柱顶上，网壳支承在圈梁上，支承点坐标都为不同的三维空间坐标。网格尺寸3m × 3m，网架矢高北面为1.8m，南面为3.5m。

(一) 网架施工方案的优化

科技馆施工工期十分紧张，且为多工种立体交叉施工、上下施工同时进行。为此对原大面积搭设脚手排架方案进行了优化，针对这种异形的网架特点，提出了"小部分（起步）采用脚手排架平台高空散件拼装，大部分采用专门设计的小吊具吊装"的技术方案。

(二) A区网架安装工艺的研究和应用

1. **起步脚手排架平台拼装施工工艺**

采用满堂钢管脚手排架，立杆间距1.5m，步距1.8m，在9～10轴径向扇形范围内，内低北高，西低南高，阶梯状搭设排架，高度低于网架下弦30～50m。满堂脚手排架平台要有足够的强度、刚度和稳定性。安装时人员及网架散件全部在脚手平台上组装，按常规网架施工要求拼装。

2. **采用小吊具吊装，高空拼装施工工艺**

应用微型的小吊具(小台灵架)将地面拼装好地一球3杆小单元提升至空中最佳位置，进行局部网架与小单元对接，逐点完成条后，逐条推进完成整片网架。

3. **小吊具组装的技术措施**

(1) 小吊具支座须在吊装前临时固定，并随时派人检查。

(2) 小吊具重量轻（100kg，工作半径3m），起重量<50kg。小吊具安装在已装的网架弦杆上，并用专用弧形夹具固定。

(3) 采用人工移动小吊具，网架下弦上设木质脚手板、马道和临时通道设置棕绳栏杆及醒目的扶手标记。在吊装地方设临时警戒区。

五、实施效果

1．针对上海科技馆屋面钢结构工程施工测量定位难度大、空间结构发展、质量要求高、工期要求特别紧的特点和难题，应用了先进的施工技术和施工工艺，对传统的工艺作了优化，使工程钢结构安装的质量和进度均满足了设计和工程指挥部的要求。

2．先进的计算机技术和各种应用软件在工程中得到了广泛的应用。尤其在工程测量定位中应用了三维空间CAD软件，使复杂的空间定位计算变得简单，同时世界先进的精密测量全站仪的应用，大大提高了测量的精度，使复杂的空间钢结构吊装先定后吊，改变了传统先吊后检的顺序，在完全受控状态下快速、精确地完成了吊装任务。

3．在屋盖施工中由于采取了先进的施工技术路线，采用机械接力吊装和长重钢箱梁、钢桁架分段高空焊接拼装的灵活性、适应性都好的施工方案，减少了混凝土结构大型机械进入的加固费用，节省了大机械投入使用的费用，同时通过合理安排施工流程，保护了原水渠在施工中的安全。

4．实践证明，大面积螺栓球节点网架工程施工中采用大部分传统脚手排架平台，配合小吊具进行节点吊运，这种高空组装的工艺是安全可行的。该工艺节省了大量脚手排架费用，并组织起多工种立体交叉施工，加快了施工速度，保证了整个工程顺利完成。

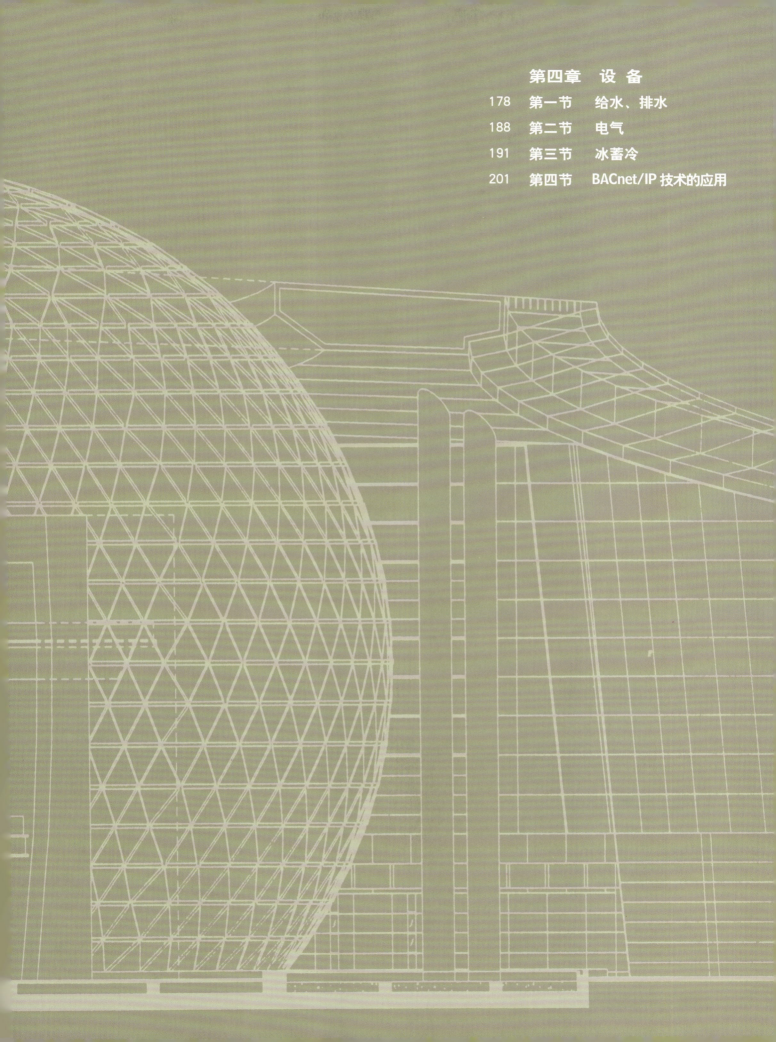

第四章 设 备

178　第一节　给水、排水
188　第二节　电气
191　第三节　冰蓄冷
201　第四节　BACnet/IP 技术的应用

第四章 设备

第一节 给水、排水

上海科技馆基地由两块独立地块组成。1号地块设置主体建筑，2号地块设置辅助建筑。1号地块主体建筑与2号地块辅助建筑之间用横跨政环路之上的人行天桥相连。

1号地块主体建筑南侧、2号地块主体建筑北侧与市政道路——政环路相邻，道路下面已铺设D1500雨水管一根、D600污水管一根、DN300、DN500给水管各一根，DN200天然气管一根；1号地块主体建筑北侧通过约10000m²的下沉式广场与地铁2号线杨高南路站地下商场、世纪广场相连。世纪广场与下沉式广场地坪高差8.18m，通过下沉式广场可进入主体建筑，下沉式广场无市政雨水排水管道。

主体建筑设计利用弧形的平面布局，由西向东采用螺旋上升体为建筑基本体量。整个屋面为金属网架、桁架支承的轻质铝合金板结构。屋面宽度为95.50m，内弧最低端标高为11.36m，外弧最低端标高为15.50m；内弧最高端标高为42.41m，外弧最高端标高为49.90m；外弧螺旋上升角为3.68度，内弧螺旋上升角为8.25度；外弧周长509.90m，内弧周长213.90m；屋面投影面积为34000m²。

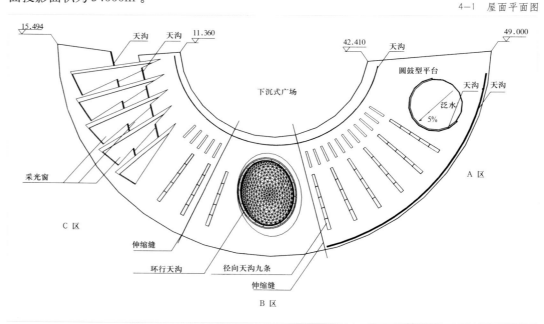

4-1 屋面平面图

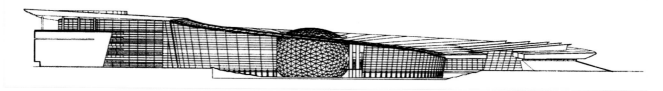

4-2 立面图

一、生活给水系统设计

　　㈠ 生活用水量

　　1号地块生活用水量：

用水量标准　　　　参观者　　　　8L/人·次；

　　　　　　　　　餐饮　　　　　30L/人·次；

　　　　　　　　　职工　　　　　50L/人·次；

　　　　　　　　　洗车　　　　　300L/辆·次；

　　　　　　　　　浇洒绿化　　　2L/米²·次；

　　　　　　　　　不可预见水量　20%；

　　　　　　　　　最大日生活用水量356m³；

　　　　　　　　　最大时生活用水量102m³；

展项用水量根据各展项用途估算：

　　　　　　　　　最大日生活用水量396m³；

　　　　　　　　　最大时生活用水量81m³；

总用水量　　　　　最大日生活用水量752m³；

　　2号地块生活用水量：

　　　　　　　　　办公　　　　　100L/人·次；

　　　　　　　　　会议室　　　　20L/人·次；

　　　　　　　　　报告厅　　　　20L/人·次；

　　　　　　　　　淋浴　　　　　150L/人·次；

　　　　　　　　　绿化　　　　　2L/m²·次；

　　　　　　　　　空调补充水最高日660t；

　　　　　　　　　最大日生活用水量812m³；

　　　　　　　　　最大时生活用水量80m³；

　　㈡ 生活给水系统

　　生活给水水源接自政环路下2根市政自来水管。从DN300，DN500自来水管上各接入一根 DN150给水管，经水表计量供给1号地块、2号地块生活用水。

　　1号地块水池生活水池290t、生活水泵集中设于2号地块地下室水泵房内。1号地块屋顶造型独特不允许设屋顶水箱，故采用恒压变频供水系统，仅在屋顶下设一座20t不锈钢消防水箱。变频水泵组设于2号地块地下室水泵房内，变频水泵组由4台立式水泵（三用一备）及1台气压罐组成，泵组流量为234m³/h，扬程为60m，电机功率为60kw。由压力传感器控制水泵启停。给水管道通过连接1号地块和2号地块的天桥，从2号地块水泵房输送至1号地块的各用水点。

　　2号地块屋顶设一座70t不锈钢水箱，地下室设2台立式水泵（一用一备）。每台水泵流量为70m³/h，扬程为40m，电机功率为15kW，由屋顶水箱液位计控制水泵启停。

在地下室水泵房内设置二台全自动反冲洗过滤器，采用全进口设备，过滤流量为150m³/h。滤芯为不锈钢滤网，当过滤器进口与出口压力达到一定差值时过滤器进行自动反冲洗，无须人工操作，给设备管理人员带来极大方便。市政自来水经过全自动反冲洗过滤器过滤后进入不锈钢水箱。进水箱浮球阀采用遥控式浮球阀，小浮球控制大管径进水，阀体设置于水箱之外，方便管理人员对浮球阀的维护保养。

1号地块地下室至1层及2号地块地下室至1层，利用市政给水管网压力直接供水。1号地块1夹层至4夹层由设于2号地块地下室水泵房内的变频水泵组供水。1号地块金属屋面冲洗部分由屋顶消防水箱供水，可避免消防水箱的存水因长期储存而形成死水。2号地块2层以上由屋顶水箱重力供水。

为满足《建筑给水排水规范》对用水点静水压的要求，在1号地块1夹层2层静水压大于0.45MPa的用水点，设置可调式减压阀进行减压供水，设定阀后压力为0.15MPa。

(三) 防污染措施

为保证生活用水管道不被污染，在下沉式广场浇洒绿化的给水管道，冲洗地面、墙面给水管道上设计安装防止回流污染的隔断阀。

(四) 生活热水系统

2号地块设计有生活热水系统，供应60℃洗浴热水给职工浴室。地下室泵房内设置2台水—水热交换器，每台供应热水4m³/h。热媒水来自于空调系统热水锅炉，热媒给水水温90℃，热媒回水水温70℃。热水系统采用上行下给机械循环给水方式。

二、生活排水系统

(一) 屋面排水方案比较

主体建筑独特造型的大型金属屋面的排水设计是该项目设计中的难点。难点之一，屋面雨水在屋面内弧低端处收集后不可直接排出室外至下沉式广场，而是要反向排至政环路下雨水管道，造成排水横管水平距离过长。难点之二，为确保下沉式广场在降雨时期内安全使用，屋面雨水溢水不可进入下沉式广场，必须有组织收集溢水排水排至政环路下雨水管道。

为保证主体建筑屋面雨水排水系统安全、可靠，不影响建筑的整体造型和美观，针对设计中的难点，我们在设计过程中对屋面雨水排水系统的选择应用进行多方面比较。

从流体力学的角度分析，屋面雨水排水系统分为两种主要类型：重力流排水系统和压力流（亦称虹吸或满管流）排水系统。

1. 重力流排水系统

传统的重力流排水系统已有悠久历史，在工程项目设计中一直沿用的屋面雨水排水方式。该系统由重力流雨水斗，连接管，悬吊管，立管，排出管等组成。该系统的主要工作原理是利用屋面雨水本身的重力作用将雨水斗收集的雨水经排水管道自流排放。在重力流排水系统中横管采用非满管重力流理论，充满度控制在0.8左右。系统中立管排水采用水膜重力流理论,充水率不宜大于0.35。排水管道内被空气占去一部分有效空间,水流状态呈气液二相流,尤其是排水立管中心空气气流占绝对优势,大大减少了管道排水的有效断面,增加了管道的直径。由于重力流排水系统依靠雨水的本身重力作用进行排水,故排水系统是否能迅速将雨水排除依赖于排水横管的坡度设计。

在主体建筑中若采用重力流排水系统,按设计任务书要求雨水设计重现期P=5年,降雨历时5min暴雨强度为5.29L/s·100m², 屋面汇水面积34000m²进行估算,查《建筑给水排水设计手册》表4.3-8,以DN100埋地管满流允许汇水面积200m²计,坡度为0.020时,则至少应设置320余根雨水管。当排水横管坡度为0.020时,从排水横管起点至排出管出墙处约有90m长度,则排水横管的坡降为1.80m。由此可见,排水管道之多和排水坡降之大都将会严重到影响建筑室内有效净空的高度,从而影响到建筑的使用功能,并且造成室外雨水井数量过多。

2. 压力流排水系统

压力流排水系统由国外水力学专家在上世纪60年代末创始, 至今在世界各地已有6000万m²各种类型屋面排水的设计和施工经验。但是,该系统目前在我国国内使用实例较少。压力流排水系统部件组成与重力流排水系统基本相似,不同的是系统采用压力流雨水斗。该系统的主要工作原理是充分利用屋面雨水斗与排出管之间的几何高差,当降雨强度达到设计值时,管道内呈满流状态, 雨水从水平管(悬吊管)转入立管跌落时管道内形成负压,产生虹吸作用,可快速排除屋面雨水。故压力流排水系统亦称之为虹吸流排水系统或满管流排水系统。

压力流排水系统相对于重力流排水系统具有许多优点:
(1) 雨水斗在屋面上可以灵活设置;
(2) 压力流雨水斗设置的空气档板,可有效地阻止空气随雨水带进雨水斗;雨水斗阻尼值较小,使压力流雨水斗的排水能力大大超过同样规格的重力流雨水斗的排水能力,可减少雨水斗的设置数量;
(3) 排水系统为单相满管流,在相同的条件下,同样的屋面汇水面积,可减少管道直径和数量;
(4) 排水横管按满管有压流设计,不再需要排水坡度,有利于建筑空间的充分利用;
(5) 雨水在管道内高速流动可达到自清洁作用;
(6) 由于排水管道减少,室外雨水检查井数量亦相应减少。

3. 排水系统选择

在设计中我们将重力流排水系统与压力流排水系统进行上述比较之后,认为在上海科技馆屋面面积大,造型独特的情况下,选择压力流排水系统具有更大的灵活性和优越性,不但可迅速排除屋面雨水,而且解决了雨水管与建筑装修的矛盾。

由于国内采用压力流排水系统较少并缺少相关的设计规范和资料,所以本工程对压力流排水系统的设计、安装、试验、验收进行了对外工程招标。根据各投标商的投标文件,比较重力流雨水斗与压力流雨水斗所具备的排水负荷,列表如下:

单斗雨水排水负荷（L/s） 表 4-1

规格 系统	DN					
	50	75		100		150
		平箅型	球柱型	平箅型	球柱型	
重力流 排水系统	/	2	6	3.5	12	/
压力流 排水系统	6~12*	12~24*		20~80*		/

*不同型号的雨水斗排水负荷不同

从上表中可以看出，压力流的雨水斗排水量大于重力流雨水斗，不同型号的压力流雨水斗排水负荷有所不同。经专家对投标文件评选，并从技术、经济等方面比较，选择采用了大排水量的 DN100 雨水斗的排水投标方案。

（二）排水系统设计

本项目屋面排水系统设计采用英国 BS 标准，有设计软件和虹吸系统技术手册。

1. 根据设计任务书要求，本工程屋面雨水设计重现期 P=5 年，当超出设计重现期的大雨来临时或者排水管道阻塞，都会产生溢流。溢流设计一般有两种方式：一种是采用传统的在屋面一定高度设置溢流堰或溢流口，另一种是在屋面一定高度设置一套专用的溢流虹吸系统。由于本工程建筑物的重要性，以及与下沉式广场相连的地下商场的重要性，不允许溢流至下沉式广场，拟采用设置专用溢流系统的方法。经过设计、承包商、业主多次讨论比较，确定屋面雨水溢水设计重现期 P=100 年，降雨历时 5min 暴雨强度为 $8.90L/s \cdot 100m^2$，汇水面积为 $34000m^2$，则屋面的排水量为 2980L/s，超出设计排水量 1180L/s（设计重现期 P=5 年，汇水面积 $34000m^2$，排水量为 1800L/s）。若在屋面最低端设溢流排水管，则管径将相当大（估算管径 DN600），受建筑物内客观条件限制，管道敷设难度很大。考虑到所设计的屋面排水虹吸系统既要满足设计重现期时排水又要满足溢水重现期的排水，管道系统将过于复杂。为使排水系统尽可能的简捷，承包商进行多次方案比较确定屋面设计排水量按溢流排水量设计管道系统，配置相应的雨水斗、雨水管和管径，不再设专用溢水管。但是，随之带来的问题是排水系统按溢流设计，势必造成雨水管管径大于按设计重现期设计排水系统的雨水管管径。当降雨量未达到设计值时，管道内难于形成满流状态，难于产生虹吸作用。久而久之，管道内将被淤泥及垃圾阻塞，造成流水不畅，影响排水效果。针对该问题，我们与承包商进行多次探讨，了解国外学者对虹吸产生过程中管道内的水流状态。经观察、测试，可分 5 种水流模型：①波纹流；②脉动流；③拉拔流；④气泡流；⑤满管流。当降雨量达到设计雨水量 50% 时，管道内已形成气泡流。这种水流状态的出现已达到管道的自清流速（$V > 0.7m/s$），管道不会被阻塞。按溢流重现期的降雨强度进行复核：$q=8.90L/s \cdot 100m^2 \times 50\%=4.45L/s \cdot 100m^2$，查《建筑给水排水设计手册》，当重现期 P=2 年时，降雨历时 5min 的暴雨强度为 $4.67L/s \cdot 100m^2$，已大于 $4.45L/s \cdot 100m^2$。可见，当降雨历时达到 2 年重现期降雨强度时，虹吸系统管道内已产生自清流速，不必担心管道被阻塞。当降雨量达到设计雨水量时，虹吸系统将连续工作，雨水在管道中单相满管高速流动。但是，当降雨量不能满足设计雨水量时，虹吸系统将呈周期性工作，充满管路→形成虹吸→充满管路→形成虹吸。因此，对虹吸系统的设计，就是要使降雨来临时虹吸系统管道能在最短的时间内充满雨水，形成虹吸并连续工作，实现快速排除屋面雨水。

2．屋面雨水汇水区域准确划分计算雨水量是设计虹吸系统的前提。本项目建筑屋面呈螺旋状的独特造型，给屋面雨水汇水区域划分造成很大困难。经分析，通过寻找屋面最高端（A轴线）、最低端（K轴线）两端的标高点划出等高线，并结合建筑设计排水天沟的平面布置划分汇水面积，使屋面雨水有组织进行排放。划分汇水区域如下：

(1) A区屋面圆鼓型区域天沟内聚集的雨水；
(2) A区屋面外缘处狭长排烟风口处天沟内聚集的雨水；
(3) 屋面九条纵向散射状分布的天沟内聚集的雨水；
(4) B区屋面中央展馆上空的屋面椭圆环型天沟内聚集的雨水；
(5) C区采光玻璃屋顶天沟内聚集的雨水；
(6) 屋面内缘（K轴线弧形）天沟内聚集的雨水；

3．虹吸流排水系统设计基础方程式为伯努利方程，运用能量守恒定理，公式为：

$$\rho \cdot V_1^2/2 + P_1 + \rho \cdot g \cdot h_1 = \rho \cdot V_2^2/2 + P_2 + \rho \cdot g \cdot h_2 + \rho \cdot g \cdot \Sigma h_f$$

式中：V_1 —— 位置1的液体流速（m/s）
V_2 —— 位置2的液体流速（m/s）
g —— 重力加速度（9.81m/s²）
P_1 —— 位置1的压力（Pa）
P_2 —— 位置2的压力（Pa）
ρ —— 液体的密度（tg/m³）
h_1 —— 位置1的几何高度（m）
h_2 —— 位置2的几何高度（m）
Σh_f —— 液体从位置1到位置2的能量变化（m）

本项目按重现期P=100年的降雨强度8.90L/s·100m²设计，有组织的将屋面雨水汇集后排除。共设计了31个多斗压力流排水系统，采用了101组不锈钢压力雨水斗，设计排水负荷为40L/s·个；采用进口离心浇铸可延性铸铁排水管及配件（内、外壁涂环氧树脂防腐），管道连接件采用不锈钢卡箍，密封件采用EDPM橡胶。

4．天沟是设置在屋面的排水沟。天沟的设置在雨水排水系统中是一个重要的环节，直接影响到是否能迅速将屋面雨水收集后由雨水斗排除雨水。建筑师根据本工程屋面特殊造型将天沟设置在屋面的特定位置（见图4-3）。因为屋面呈螺旋状，故天沟底部随屋面特殊造型亦呈斜面，给雨水斗的设置位置带来许多困难。技术条件要求雨水斗必须水平设置于天沟底部。由于天沟深度较浅，仅有200mm深，虽然可以满足雨水斗的斗前水深要求，但是无法汇集雨水至雨水斗周围。针对上述客观不利因素，在各条天沟的特定位置设置有一定容积要求的天井。31个压力流排水系统设置了31个天井，各个天井的容积根据各个系统形成压力流所需要的最少水量计算。天井底部呈水平平面，天井底部设置压力流雨水斗，满足压力流排水系统要求。

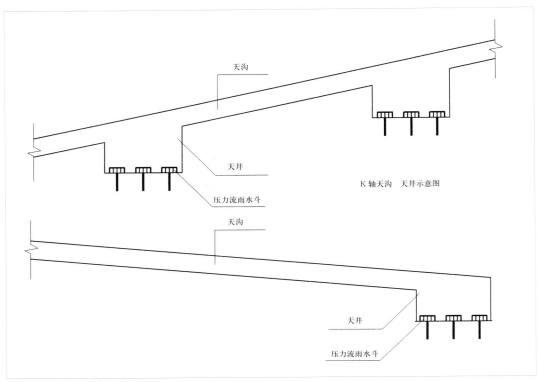

4-3 径向天沟、天井示意图

(三) 管道施工、验收

1. 管道施工承包商要求施工标准按该公司提供的英国规范执行。在管道安装施工过程中,现场碰到许多实际问题,如管道碰屋面金属网架或管道碰其他管道或管道设置位置影响装修等等,管道可根据需要灵活调整敷设位置或敷设方式。例如30号系统的修改,原设计雨水立管管径DN250沿混凝土柱敷设,影响建筑装修。根据建筑要求进行修改,将一根DN250立管改成六根DN150立管沿混凝土柱敷设,满足建筑装修要求(见附图4-3)。承包商要求每一处的管道改动都必须重新复核计算,严格控制系统形成虹吸,并满足现场实际要求。

2. 管道施工完毕后试验、验收承包商要求按英国规范执行,管道进行灌水试验,试验持续时间为5min。

(四) 结论

应用在大型屋面、造型复杂的屋面,压力流排水系统比重力流排水系统具有许多优越性,能够更好的满足建筑要求,更快地排除屋面雨水,尤其是它的灵活性在科技馆项目中充分显示出来。

压力流排水系统不是采用了压力流雨水斗便可实现压力流排水系统,它是一个完整的系统,每一个组成部分都必须精心设计精确计算,才可迅速地形成单相满管流,迅速排除屋面雨水的要求。

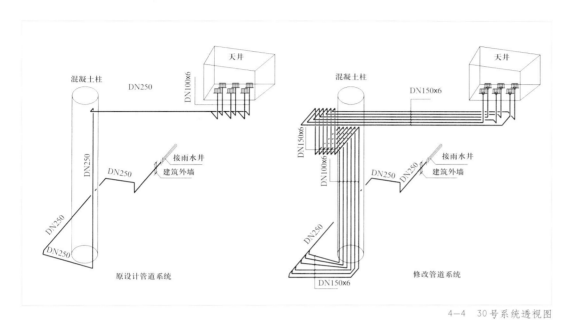

4—4　30号系统透视图

三、消防给水设计

消防水源来自于市政给水管网。与科技城相邻的政环路下有两根新建市政自来水管（一根 DN300，一根 DN500）。本工程分别从两根市政给水管道上各引入一根 DN300 给水管供 1号地块、2号地块消防用水，可满足防火设计规范中规定室外消防给水管不少于两条给水管的要求。引入管道分别经过水表计量后在 1号地块、2号地块基地内布置成环状网管网，供给室外消火栓、消防水泵用水，当发生火灾时消防水泵直接从环状给水管网上直接吸水进行灭火。

针对 1号地块、2号地块建筑平面的布局和不同的使用功能，在设计中选择采用不同的消防给水系统。

(一) 室内消火栓系统

室内消火栓是我国目前室内的主要灭火设备之一。1号地块主体建筑根据《高层民用建筑设计防火规范》GB50045-95 中的建筑类型分类，该项目属建筑高度小于 50m 的一类民用建筑，室内消火栓用水量为 30L/s，每根竖管最小流量 15L/s，每支水枪最小流量 5L/s。2号地块建筑根据《建筑设计防火规范》GBJ16-87(97版)规定，室内消火栓用水量为 15L/s，每根竖管最小流量 10L/s，每支水枪最小流量 5L/s。

本工程 1号地块主体建筑室内为大空间，实体墙面少，选择消火栓箱位置比较困难。在设计中尽可能利用电梯厅筒体或楼梯间的砖砌墙体布置消火栓箱，减少对结构钢筋混凝土墙板的破坏。消火栓之间间距控制在 30m 范围左右，保证同层相邻两个消火栓的水枪的充实水柱可同时到达室内任何部位。

在消火栓箱内除设有 DN65 消火栓、DN65×25m 麻织水龙带、直径 19mm 水枪、启动水泵的按钮外，另设置DN25栓口的消防软管卷盘，小口径消防软管卷盘可供非专业消防人员自救初期火灾使用。

消火栓系统管道沿建筑室内电梯或楼梯筒体、钢筋混凝土圆柱、顶层平顶下、地下室平顶下敷设，布置成立体环状网。1号地块在四夹层机房内设有18t消防水箱一座，地下室消防泵房内设有消火栓泵两台（一用一备），消火栓泵流量为108m³/h，扬程为74m，电机功率为45kW，并在地下室消防泵房内设有二台稳压泵（一用一备）、300L气压罐一只，稳压泵流量为18m³/h，扬程为15m，电机功率为3kW，以保证室内最不利点消火栓0.07MPa的静水压要求。由于1号地块建筑体量很大，在建筑物的南、北两侧设置DN150墙式消火栓水泵接合器各2套。在选择设置接合器的具体位置时，积极配合建筑外墙面装修，力求做到即满足消防使用要求，也尽可能满足建筑外墙面美观要求。

2号地块地下室消防泵房内设有消火栓泵2台（一用一备），消火栓泵流量为54m³/h，扬程为50m，电机功率为15kW。在屋顶70t水箱内设有18t消防贮水量，并设置二台消火栓系统稳压泵（一用一备）、300L气压罐一只，稳压泵流量为18m³/h，扬程为15m，电机功率为3kW，以保证四层最不利点消火栓0.07MPa的静水压要求。各层在电梯间、楼梯间等处设消火栓箱，箱内除设有DN65消火栓、DN65×25m麻织水龙带、直径19mm水枪、启动水泵的按钮外，另设置DN25栓口的消防软管卷盘。设置DN100地上式消火栓水泵接合器1套。

(二) 自动喷淋灭火系统

自动喷淋灭火系统是经济有效的扑灭早期火灾的主要灭火设备之一。因此除不可用水灭火之处和高大的中厅以外，各层展厅、办公房间、走道、厕所、厨房、餐厅、仓库、公共部位、空调机房均设有自动喷淋灭火设备。

本工程湿式喷淋灭火系统按中危险等级设计，喷水强度6L/min·m²，作用面积200m²，系统设计水量为30L/s。根据《自动喷水灭火系统设计规范》（GBJ84-85）中的规定，每个湿式报警阀控制喷头数不宜超过800个，则本工程1号地块采用了DN150湿式报警阀16套，2号地块采用了DN150湿式报警阀1套。

为了方便集中管理，缩短报警阀后给水管道的长度，1号地块将16套湿式报警阀分别集中设置于4个湿式报警阀室内。由于主体建筑物体积很大，设计中将报警阀前供水主干管呈水平环状网布置，以提高消防供水的安全度。各层按防火分区、分块设水流指示器。各区展厅层高为10m，无吊顶装饰，给该部分的喷淋头布置带来了很大的困难。本工程属大型公共娱乐场所，参观人流较多，经过对喷淋头产品的调查了解，设计中选择采用玻璃柱直径为3mm的快速反应闭式喷头（吊顶型），它的响应时间指数RTI<50，而直径为5mm标准闭式玻璃泡喷头响应时间指数RTI为50~100，显然玻璃柱直径为3mm快速反应喷头热敏性能明显高于5mm的标准闭式玻璃泡喷头，可在火灾时提前动作，及时喷水，迅速灭火。

在1号地块B区卵形大厅内，由于它的空间过于高大，且外壳由玻璃和钢支架构成，管道无法安装，征得当地消防部门同意，可不设喷淋头，但大厅内不可设置可燃物展品。并且，在A区高达40m的中厅和C区高达20m中的厅内亦不设喷头，在中厅近楼层一侧设有喷淋加密措施，大厅内不可设置可燃物展品。

1号地块的球形、巨形影院放映设备均为全进口产品，价格昂贵，不允许灭火时有水渍损失放映设备，影院承包商提出须设置对设备损坏较小的气体灭火系统或预作用灭火系统。因为水是一种既经济又有效的灭火剂，故设计中选择采用了预作用灭火系统。根据《自动喷水灭火系统设计规范》(GBJ84-85)规定，预作用喷水灭火系统的管线充水时间不宜大于3s，管网不宜过大，管线不亦过长的原则，两座影院分别采用了1套预作用系统。在A区地下室藏品库房内，贮存较为珍贵物品，业主要求确有火灾时才可用水灭火，在设计中亦选择采用1套预作用的喷水灭火系统。平时在预作用阀后充压缩空气保持管网内压力在0.175MPa，当确有火灾发生时烟感或温感探测器先于喷头动作，火灾报警信号传至消防中心，由消防中心发出指令打开预作用阀组的电磁阀，启动预作用阀动作，阀后管道内立即充水呈湿式状态，当喷头动作后即刻喷水。

在1号地块地下室消防泵房内设有喷淋主泵二台（一用一备），喷淋泵流量为108m³/h，扬程为71m，电机功率为45kW。由于消防水箱设置高度不满足最不利点喷头压力，泵房内设有二台稳压泵（一用一备），150L气压罐一只，稳压泵流量为3.6m³/h，扬程为28m，电机功率为3kW。与消火栓系统相同，在建筑物的南、北两侧设置DN100墙式消火栓水泵接合器各2套。

在2号地块地下室消防泵房内设有喷淋主泵二台（一用一备），喷淋泵流量为108m³/h，扬程为45m，电机功率为22kW。由于消防水箱设置高度不满足最不利点喷头压力，屋顶水箱间内设有二台稳压泵（一用一备），150L气压罐一只，稳压泵流量为3.6m³/h，扬程为10m，电机功率为0.75kW。设置DN100地上式消火栓水泵接合器2套。

(三) 水喷雾灭火系统

1号地块A区地下室发电机房内设有一台1400kW柴油发电机，2号地块燃气锅炉房内设有二台3000kW锅炉、一台1000kW锅炉。针对油类、天然气火灾设计选择采用了水喷雾灭火系统，设计喷水强度为20L/min·m²，采用高速离心喷头，喷头工作压力为0.40MPa。1号地块发电机外形尺寸：2001mm×1400mm×1735mm，设计喷水量为23.8L/s，采用DN100雨淋阀1套，同时保护日用油箱。2号地块锅炉外形尺寸：4700mm×2400mm×2500mm两台，3200mm×1900mm×1900mm一台，设计喷水量为29.1L/s和14.6L/s，采用DN100雨淋阀3套。消防水源来自动喷淋水泵。

(四) 气体灭火系统

在1号地块A区地下室部分藏品库房内贮存不可用水灭火的珍贵物品，须采用气体灭火系统。1号地块、2号地块计算机房、2号地块弱电机房、档案室、电话机房采用气体灭火系统。经过对二氧化碳气体灭火系统、烟烙尽气体灭火系统、FM-200气体灭火系统优缺点的比较，选择采用适用于本工程保护范围并对人体无害的FM-200气体灭火系统。

在1号地块A区地下室设置一组FM-200气体钢瓶间，52L钢瓶1只、180L钢瓶8只，采用分配组合方式，藏品库房分为5个保护区，计算机房为1个保护区。在2号地块地下室设置二组FM-200气体钢瓶间，一组为106L钢瓶1只，另一组为106L钢瓶5只，采用分配组合方式。部分计算机房、档案室为第1组保护区，部分计算机房、弱电机房、电话机房为另1组保护区。

FM-200气体灭火系统由气体管网系统和火灾自动报警控制系统两部分组成，当火灾自动报警烟感、温感两套系统同时报警时联动控制气体灭火系统喷药。气体灭火系统设置自动、手动、应急操作三种启动方式。

五、设计与电气工种配合的特点

(一) 设计中与电气工程师积极配合，电机功率在20kW以上的生活水泵、消防水泵、下沉式广场的雨水排水泵采用斜坡恒流软起动方式。采用软起动方式优点如下：

(1) 减小起动冲击电流对电网的冲击；

(2) 泵类负载是随着转速的增加而增加起动力矩，而软起动是起动电流逐渐增加，从而使泵类负载的机械特性与软起动供电的电气性能相吻合，减小了起动电流对负载的机械冲击，提高负载的可靠性，延长其工作寿命。

(3) 节约了电能，避免了起动冲击的功率损耗。

(4) 对泵类电机实行软停车，可减少水泵停车时的"水击"，有效地保护了水泵不被水锤破坏。

(5) 软起动器为无触点运行，减少了常规继电控制的维修检用，提高了设备的可靠性。

(二) 在建筑设备自动化系统中，要求对给排水的给水泵、消防泵、排水泵进行运行状态监视，当机械发生故障时急时报警。对热交换器的冷水给水流量、热水出水温度，热媒水进水流量、热媒水进出水温度进行监测，数据及时反馈到管理中心。

(三) 在火灾自动报警消防联动控制系统中，湿式喷淋系统的喷头动作后，由压力开关直接连锁自动启动喷淋泵。预作用系统、雨淋系统在火灾报警后，自动启动喷淋泵向配水管道供水。FM-200灭火系统在火灾报警后，联动控制气体灭火系统喷药。

第二节 电气

上海科技馆设有以下强弱电系统：供配电系统、电力自动化管理系统、防雷与接地系统、建筑设备自动化管理系统、火灾自动报警及消防连动系统、监视电视系统、门禁及巡更系统、防盗报警系统、电缆电视系统、背景音响及应急广播系统、数字程控交换机及微区域移动通讯系统（PHS）、无线通讯中继系统、综合布线系统、照明及其自动控制系统、会议及扩声系统、同声传译系统、导览系统、票务管理系统、办公自动化系统以及为公众服务的网上科技馆等，各系统的和谐运作确保了该建筑物内各系统的高可靠性和高效率性，也充分体现了以人为本的设计思想。

一、供配电系统

本工程总装机容量为 16461k，其中照明3621k，动力5762k，空调7078k，从技术角度看应采用35V供电方案，但由于受工程造价及主管部门意见等各种因素的制约，最终采用了由电业提供二路10V专线的供电方式，10V主结线采用单母线分段运行。考虑到本建筑为APEC会议的主会场，为确保供电可靠性，在两段10kV母线之间设有联络开关，使两路10V电源互为全额备用（APEC会议结束后拟拆除该联络开关）。

总变配电所设在辅楼地下室，内设10kV配电柜及4台变压器，分别负责冷冻机组、冰蓄冷系统及付楼照明、动力设备的供电。同时，在主楼地下室设二座变电所，每座变电所设置二台变压器，负责向本区域供电。此外，还在主楼地下室设置一台1250kVA的柴油发电机组，作为第三电源，负责向一级负荷中的特别重要负荷供电。

考虑到本工程建筑单层面积大，低压供电距离远，且主楼内大量采用金卤灯等低功率因数的灯具，如果采用单灯cos φ补偿的方式，不仅成本太高，且维护不便，故本工程的功率因数补偿采用集中补偿与分散补偿相结合的方式，除了在变电所低压配电柜设电容补偿柜外，还在各展厅照明配电柜处设置分相补偿电容，实现对照明回路的分相就近补偿，取得了良好的效果。

对于APEC会议主要活动区域的配电系统，我们进行了深入研究，对重要场所的配电系统采取了强化措施，提出了增设临时第四电源——移动式发电车等应急预案。

为降低火灾对人员生命安全的威胁，设计时要求供配电系统的电线电缆及结构化布线系统的线缆，均选用低烟无卤型产品（但由于种种原因，仅实现了部分无卤化）。

主要电气设备表　　　　　　　　　　　　　　　　　　　　　　　　　表4-2

设备名称	规　　格		数　量（台）
环氧浇注干式变压器	35/10kV	8000kVA/台	2
	10/0.4kV	1600kVA/台	6
	10/0.4kV	1250kVA/台	2
	10/0.4kV	630kVA/台	2
开关柜	35kV		4
	10kV		6
断咯器柜	35kV		2
	10kV		18
低压开关柜			88

二、电力自动化管理系统

为实现对包括各座无人值守的变电所在内的供配电系统的全面监控，设计要求设置高／低压及自备发电机组的一体化管理系统。但设备招标结果，高压配电柜与低压配电柜来自不同厂商，所用高、低压断路器也分别为西屋和ABB产品，而发电机则来自德国ABZ公司。为实现一体化管理的目标，同时又确保整个系统具有良好的实时性，我们提出了以高压柜所配置的电力自动化管理系统为基础的系统集成方案，并对所开发的系统软件提出了谐波记录及频谱分析、故障电流记录、电能消耗趋势记录等高标准的功能要求。该集成方案摒弃了传统的主机间经通信接口联网的集成方式，而是采用统一的现场总线，对相关的其他品牌的监控单元进行总线级的协议转换，从而实现了不同品牌监控单元与主体监控单元及其主机间的无缝联接。从系统试运行情况来看，这种方式具有协议转换速度快、系统响应时间短、监控实时性好、信息量大等诸多优点，具有较高的推广价值。

三、照明系统

上海科技馆照明设计包括：一般照明、工作照明、装饰照明、应急照明、诱导照明、庭院照明、景观照明。

在公共空间和展示空间设置一般照明、应急照明、诱导照明；在多功能会议室、影剧院入口处设置装饰照明；在室外设置景观照明和庭院照明。

一般照明：采用分区干线供电。大空间采用间接照明方式，这样就做到了与建筑的完美配合，同时与直接照明的方式相协调，使得光环境层次丰富。一般照明大量采用了大功率投光灯、复金属卤化物筒灯和节能筒灯。既达到了节能的效果，也满足了大空间水平面照度设计的要求。

装饰照明：采用光纤照明技术，通过合理配置光发生器和同步器，以求达到星光闪烁等艺术效果。

应急照明、诱导照明：由专用双电源自切的应急照明配电系统供电。保证应急照明、诱导照明的可靠性。采用了LED埋地式诱导灯具，解决了大空间诱导灯的安装问题，同时也节约了应急照明系统的用电量，减小了灯具的体积。

庭院照明、景观照明：根据建筑的风格和环境，通过泛光、内透光等多种形式充分体现建筑的完美造型，创造出令人流连忘返的夜景效果。

四、"网上科技馆"与结构化布线系统

为使更多不能亲临上海科技馆的青少年有机会通过互联网游览上海科技馆，本工程中投入数亿元巨资开发了"网上科技馆"（系统的后期开发仍在继续进行）。该系统设有自然博物馆、天文馆、科技馆三大类馆藏展品的海量多媒体数据库，人们可以通过互联网访问其网站，从而实现对上海科技馆的"虚拟"游览。该系统的网管中心设在主楼一层，而其备份中心机房位于辅楼主变电所上方。为确保系统可靠运行，特设了装配式全屏蔽机房，以防系统受外界电磁辐射及传导干扰的危害。

为了给"网上科技馆"提供良好的物理环境，上海科技馆的水平及垂直干线均采用多模光纤，而分支线路（工作区子系统）则采用六类UTP。

五、电话通讯系统

上海科技馆占地面积巨大，为了缩短电话总配线架至电话分机的传输线路，我们在设计时选用了远端模块式程控电话交换机，在2号地块设置一组交换模块（约250门），在1号地块设置两组交换模块（每组约200门），三组交换模块之间用光缆连接，以内部数字中继方式

联网，构成一套650门电话交换机组。电信进户机房设在2号地块，话务台设在1号地块。

六、电磁兼容问题

通俗地讲，电磁兼容就是各类电气和电子系统之间避免相互干扰，谋求共同安全。电磁干扰可分为辐射干扰和传导干扰。无线电波、电磁脉冲（闪电、电弧等）就是最常见的辐射干扰，而电力系统高次谐波、传导型雷电波等则是典型的传导干扰。

上海科技馆内不仅有供配电系统、变压器、大量UPS装置、大功率EPS装置、软启动器、变频控制器和电子镇流器等常规干扰源，而且还有来自展项设备的强干扰源，如静电场、电弧球、地壳探密等等，这些装置工作时都会产生较强烈的电磁辐射。为了改善整座建筑物的电磁兼容性，我们在设计中采取了以下措施：

1. 变压器、大电流开关设备（断路器、接触器）等强干扰源尽量远离微电子系统机房与干线。当无法远离时，则采取局部屏蔽的保护措施。例如，2号楼地下变电所与电信局机房贴邻，我们设置了经过接地的钢板作为屏蔽层，同时，在二楼的票务系统计算机房设置了成套屏蔽机房，以加强票务系统计算机房数据库的安全性。当然这样的机房布局也是由于种种限制，迫不得已。

2. 在设备选型时，对主要干扰源提出严格限制。例如，要10kV真空断路器的截断电流不大于4A，以限制其操作过电压和电弧；要求所有变频装置（用于电梯、空调箱等）的电流崎变率（THD）不超过33%，以限制其传导干扰。

3. 强弱电管线尽量分离，并均采用金属管。

4. 注意做好各系统的工作与保安接地，重视与结构等专业的密切配合。

5. 重视强弱电各系统的过电压防护，限制浪涌电压。

6. 重要机房采取屏蔽措施。

从各系统的调试与试运行情况来看，这些措施是相当有效的。

第三节 冰蓄冷

上海科技馆1号地块的建筑面积约84000m^2，1号地块夏季空调计算日负荷为28232RT（99272kW）最大小时负荷出现在15h，为3122RT。1号地块空调用低温冷水由冰蓄冷系统提供，夜间利用低价电制冰蓄冷，白天用电高峰时溶冰，与冷冻机组共同供冷。

一、系统的组成和主要设备配置

冰蓄冷系统主要由制冷机组、钢盘管蓄冰槽、乙二醇溶液泵、CG/CS板式换热器、冷冻水一级循环泵、冷却塔、冷却水循环泵、定压装置、膨胀水箱等设备和乙二醇管路、冷冻水管路、冷却水管路、自控装置等组成。

制冷主机采用美国YORK公司生产的YSFCFBS55CMD双工况螺杆式制冷机组4台，在空调工况时，单台制冷量为550RT（约1934kW），在制冰工况时，单台制冷量为354RT（约1244kW）。

双工况机组主要运行参数见下表

双工况机组运行参数表 表4-3

机组工况	标准工况	夜间制冰	单独空调供冷
冷却供水温度℃/℉	32/89.6	30/86	32/89.6
冷却回水温度℃/℉	37/98.6	33.5/92.3	37/98.6
冷凝温度℃/℉	39.5/103.1	36.75/98.15	39.5/103.1
排气温度℃/℉	40.61/105.1	37.86/100.15	40.61/105.1
载冷剂供液温度℃/℉	7/44.6	−5.56/22	3.33/38
载冷剂回液温度℃/℉	12/53.6	−2.78/27	7.72/45.9
蒸气温度℃/℉	5.33/41.6	−7.22/19	0.53/33
吸气温度℃/℉	4.22/39.6	−8.33/17	−0.56/31
产冷指标	15.6	10.1	13.7
制冷比CCR=TR1/TR2	1	101/15.6=0.647	13.7/15.6=0.878

注：① 冷凝温度 =（T冷却供+T冷却回）/2+5℃（9℃/℉）
② 排气温度=T冷凝+1.11℃（2℉）
③ 蒸发温度=T供液−1.67℃（3℉）
④ 吸气温度=T蒸发−1.11℃（2℉）
⑤ 压缩机产冷指标查约克公司提供的"压缩机特性曲线图"。

蓄冰装置采用美国BAC公司生产的TSU-L426M型钢盘管20组，组装成6050mm×3000mm×3600mm(长×宽×高)的蓄冰槽10台，槽体由厚镀锌钢板及隔热层、防潮层组成，总蓄冰量为9240RTH。系统正常运行时，盘管的压降约670Pa。

二、系统的主要技术特点和指标

(1) 采用主机为双工况螺杆式压缩机的间接制冷形式，冷媒为R22，载冷剂为25%浓度的乙烯乙二醇溶液。

(2) 采用钢盘管蓄冰槽部分冻结的静态制冰形式，盘管内溶冰，盘管外蓄冰。

(3) 采用主机在上游，主机与蓄冰装置串联供冷，并可满足六种工作模式的管路系统；即为：制冰蓄冷、溶冰放冷、主机和冰槽串联供冷、主机单独空调供冷，蓄冰的同时，主机空调供冷、关机待命等。

(4) 本工程冰蓄冷系统最显著的特点是：通过增加一组集管和相应阀门，将二级溶液泵制改成单级溶液泵制。该溶液泵兼作蓄冰泵、溶冰泵和空调负荷泵之用。

(5) 在蓄冰和空调两种工况时，流经主机蒸发器溶液相应为两种流量，而蓄冰盘管内为定流量。

(6) 采用分量蓄冰策略，根据空调负荷的变化，优化控制供冷，使运行电费最省的自控系统。

(7) 系统的蓄冰率(总蓄冰量与空调日负荷之比)约为32.6%；小时最大溶冰量为1019RT

(3583kW)，溶冰速率（小时最大溶冰量与总蓄冰量之比）约为11%，日溶冰率（日溶冰量与总蓄冰量之比）高达99%以上。由于采用了优化控制的原则，白天峰值时段的移峰率（峰值时段溶冰量与峰值时段空调负荷之比）为37.64%；而小时最大负荷时的移峰率（小时最大负荷时溶冰量与小时最大空调负荷之比）为32.42%。

(8) 系统运行温度：在蓄冰工况时，主机乙二醇溶液的供液温度为-5.56℃，回液温度约-2.78℃；在空调工况时，主机和冰槽串联供冷，主机供液温度为5.9℃，回液温度约11.1℃，冰槽供液温度为3.3℃，板式换热器的进水温度为14.5℃，出水温度为4.5℃。

三、系统特点分析

区别于常规空调冷源，冰蓄冷系统更复杂，亦更多变化。上海科技馆的冰蓄冷系统应该采用何种形式，既能博采众长，又能独具特色？我们先来分析以下常见的几种方案：

(一) 单级泵、内溶冰串联供冷方案见图4-5。

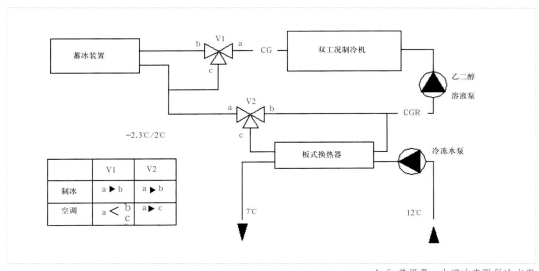

注：图中斜线前的数字为制冰工况时温度，图中斜线后的数字为空调工况时温度，以下均同。

4-5 单级泵、内溶冰串联供冷方案

优点：系统简单，已包含"冰蓄冷"的各项基本要素，具备完成蓄冰、溶冰、串联供冷、机单独供冷四种工作模式的能力。

缺点：① 不能在蓄冰的同时提供空调冷量，否则板换有冰冻的危险。
② 溶液泵的流量因系统流程阻力变化而变化，主机工作不稳定。

(二) 二级泵、内溶冰串联供冷方案

在上述方案基础上增加1台溶液泵，使系统形成二级泵形式。一级泵负担制冰和溶冰，变上述方案变流量为定流量。二级泵为负荷泵，流量和扬程与板换匹配。

注：泵(二)所注温度为蓄冰同时，空调供冷的温度。

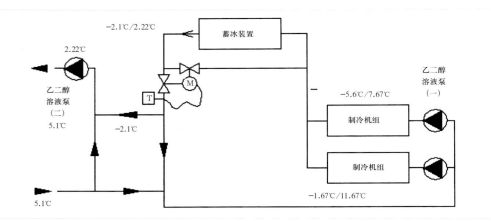

4-6 二级泵、内溶冰串联供冷方案

优点：① 系统为定流量，运行稳定。
② 增加了一种工作模式，在蓄冰时可同时空调供冷，板换无冻坏之虞。
缺点：① 增加了设备和耗电量。
② 自控较复杂。

(三) 二套溶液泵、内溶冰并联供冷（板换冷冻水侧串联）方案

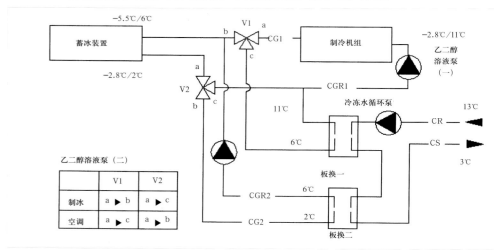

4-7 二套溶液泵、内溶冰并联供冷方案

溶液泵（一），负责主机的蓄冰制冷和空调制冷，溶液泵（二），负责溶冰供冷。特点为：蓄冰时溶液泵（二）不工作；空调时泵（一）与主机，泵（二）与蓄冰装置各自通过板换向系统并联供冷。当7℃供水时，板换冷冻水侧可并联；低温供水时，水侧可串联，此时对应主机的板换可在上游，以取得较高的蒸发温度和空调制冷效率。

优点：使用灵活。
缺点：增加了泵和板换，并提高了冷冻水泵的扬程，因而增加了初投资、占地面积和能耗。

(四) 二套泵、外溶冰并联供冷（板换冷冻水侧串联）方案

4-8 二套泵、外溶冰并联供冷方案

与方案3相比，将内溶冰的溶液泵改成了外溶冰的冰水泵。同样，相应的板换也由CG/CS改为CS/CS。

优点：① 提高溶冰速率。
　　　② 提供冰水的温度低而稳定。

缺点：① 与方案3相同，同样也增加了泵和板换，并提高了冷冻水泵的扬程，因而增加了初投资、占地面积和能耗。
　　　② 开式系统水易污染，含氧量高，易腐蚀设备。

(五) 单级泵、外溶冰并联供冷、水侧板换与溶冰盘管串联方案

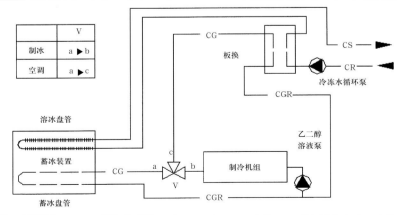

4-9 单级泵、外溶冰并联供冷、水侧板换与溶冰盘管串联方案

与方案4相比，取消溶冰泵和对应的板换，改用带翅片的盘管直接放置于冰槽内溶冰。这

样冰槽内有两套盘管。一套管内走乙二醇溶液，专司蓄冰；一套管内走冷冻水，专司溶冰。为提高溶冰速率，冰槽内用压缩空气吹气泡。上海中美儿童医院冰蓄冷就采用此系统。

优点：① 溶冰方式介于内外结合，速率高于内溶冰，供水温度低而稳定。

② 可以省却一套泵。

缺点：常规冰盘管的面积取蓄冰面积和溶冰面积两者之中的大者；而此系统增加一套溶冰盘管，总面积为蓄冰面积与溶冰面积之和，因而价格比常规盘管贵 20% 左右。

综观上述方案，方案1最简单，最省电，但有明显缺陷。首先是使用功能不齐，在蓄冰的同时不能空调供冷；其次是变流量系统，运行状态不稳定；因而此方案在工程实践中无实际使用价值。

当系统同时进行制冰蓄冷和空调供冷两个功能时，为防止低温的乙二醇溶液进入板式换热器，造成后者冻结，通常解决的办法是采用二级乙二醇泵，其中首级泵用低温的乙二醇溶液循环运行，制冰蓄冷；次级泵则将部分低温乙二醇溶液与部分板换回流溶液混合，使之温度高于零度以上，再供板换空调供冷。

方案2就是这样的系统。显而易见，它克服了方案1的缺陷，比方案1复杂，对自控要求更高，而且没有从根本上解决设备可能被冻结的危险。其他方案在方案2的基础上加以变化，均需两套泵或二级泵或两套板换（翅片盘管）。

科技馆占地面积大，冷冻水系统必须采用二级泵制，如冰蓄冷系统采用两套泵或二级泵，加上冷却水泵，无论1号地块空调负荷有多大小，必须同时开启5组水泵，才能正常供冷，使系统运转，这样系统会显得过于繁杂，机房面积也会增大。这样的方案对于科技馆工程而言，远非合理、完善。

为了撷取方案1的简洁，又取纳其他方案的实用，我们提出了以下方案。

㈥ 双集管式、单级泵内溶冰串联供冷方案

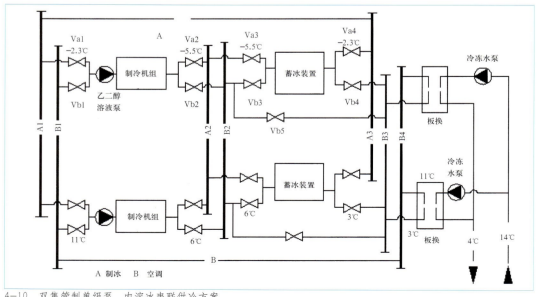

4—10　双集管制单级泵、内溶冰串联供冷方案

双集管式、单级泵、内溶冰、串联供冷系统的方案，即系统采用增加一套供、回液集管的技术措施，在双集管间彼此用阀隔开，使低温的乙二醇溶液和常温的溶液在蓄冰和空调两种工况各行其道，彻底解除了设备可能被冻的危险。这种双集管式系统变二级泵制为单级泵制，简化了系统，减少设备数量，因而缩小了机房面积，节省了电耗和初投资。

在制冰蓄冷和串联供冷两种运行模式中，由于系统压降不同，溶液泵的流量也不同，因而流经双工况主机蒸发器的载冷剂流量相应为两种不同流量，这将影响蓄冰盘管工作的稳定。这个问题引起了设计者的重视，采取了相应解决措施。

不同的工程，不同的设计思路，可有不同的系统配置，但设计最后要达到的效果和追求的目标应该是一致的。系统是设计大纲，其他的技术措施都是围绕着系统这一主题制定的，从这个意义讲，设计的主要成果就落实和建筑在正确选择系统的基础上。

此外，国内早期冰蓄冷工程大都采用常温（7℃）供水，不能充分发挥冰蓄冷的技术优势，而近期采用低温（3.3℃）供水，空调末端设备只能依靠进口，为了改变这种状况，我们作了以下改变：在空调工况时，系统中乙二醇溶液的供液温度确定为3.3℃，冷冻供水温度为4.5℃。首先，适当提高乙二醇溶液的供液温度，可增加冰槽的溶冰速率，提高系统运行的可靠性；其次，相对较低的供水温度为空调的低温（9~10℃）送风提供了条件，既可提高空调品质，又可节约和降低空调的投资成本和运行费用。适宜的供水温度，还降低了低温空调末端设备国产化的技术难度和风险，这些国产设备在工程中运行正常，性能良好。这样的设计既保持了"冰蓄冷"的技术优势，具有一定的先进性，又更符合我国目前空调工业发展的现状和国情。

四、系统的运行管理

1号地块夏季空调计算日负荷与蓄冰、溶冰的容量分配见下图。

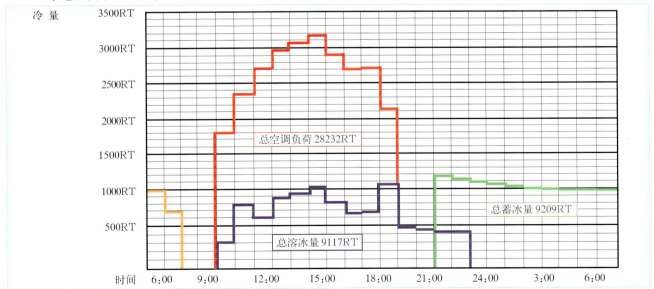

4-11 夏季空调计算日负荷与蓄冰、溶冰的容量分配图

六种工作模式中溶液在系统中的流程图

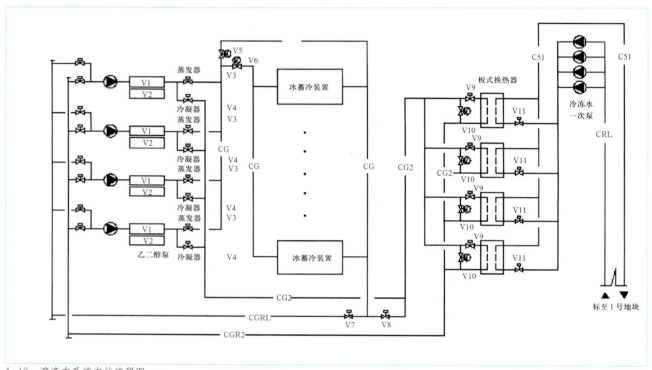

4-12 溶液在系统中的流程图

在六种工作模式中设备、阀门的起闭程序等见下表。

表4-4　　设备、阀门起闭程序表

运行模式	主机	溶液泵	冷冻水泵	V1	V2	V3	V4	V6	V7	V8	V9	V10	V11
蓄冰	开3台	开4台	关	开	关	开	关	关	开	开	关	开	关
溶冰供冷	关	开	开	关	开	关	关	互	调	关	开	关	开
主机供冷	开	开	开	关	开	开	开	关	开	关	开	关	开
主机溶冰串联供冷	关	开	开	关	开	开	关	互	调	关	开	关	开

注：
① 夜间蓄冰，同时主机空调供冷时的启闭情况，同上表蓄冰条＋主机供冷条，其中空调供冷的主机开1台，相应的泵、板换和阀也开一套。
② 当空调负荷变化时，冷冻水泵作台数控制。当冷冻水泵关闭时，对应的板换初级侧V9关、V10开（旁通），次级侧V11关，使乙二醇管路中流量稳定；反之，V9开、V10关、V11开。

1号地块夏季空调计算日负荷及系统运行参数见表4-5。

一号地块夏季空调计算日负荷及系统运行参数表　　　表4-5

时间	运行工况	空调负荷	开机台数	主机制冷量RT	冰槽蓄冰量RT	冰槽放冰量RT	其他冷损耗RT	冰槽贮水量RTH
9:00	A	1793	4台	1463	—	330	4	9236
10:00	A	2346	4台	1515	—	831	4	8902
11:00	A	2666	4台	2058	—	608	4	8067
12:00	A	2944	4台	2090	—	854	4	7455
13:00	A	3018	4台	2098	—	920	4	6597
14:00	A	3122	4台	2110	—	1012	4	5673
15:00	A	2935	4台	2084	—	851	4	4657
16:00	A	2718	4台	2056	—	662	3	3802
17:00	A	2734	4台	2060	—	674	4	3137
18:00	A	2172	4台	1153	—	1019	4	2459
19:00	B	465	—	—	—	465	3	1438
20:00	B	452	—	—	—	452	4	968
21:00	B	439	—	—	—	439	4	512
22:00	C	B 428	1台	428	—	—	4	69
		D	3台	1147	1147	—		
23:00	D	—	3	1114	1114	—	3	1212
24:00	D	—	3	1091	1091	—	4	2323
1:00	D	—	3	1074	1074	—	3	3410
2:00	D	—	3	1062	1062	—	5	4481
3:00	D	—	3	1051	1051	—	3	5538
4:00	D	—	3	1005	1005	—	4	6586
5:00	D	—	3	973	973	—	3	7587
6:00—6:43	D	—	3	692	692	—	4	8557
7:00	D	—	—	—	—	—	5	9245
8:00	D	—	—	—	—	—	4	9240
Σ		28232	68H·台		9209	9117		

注：A 为主机和冰槽串联供冷工作模式；
    B 为单溶冰供冷模式；
    C 为蓄冰主机空调供冷模式；
    D 为制冰蓄冷模式。

五、系统的自动控制

"冰蓄冷"系统的自动控制不仅应具备常规空调冷源自控所有合理的技术内容和功能，使系统正常运行；而且必须充分利用峰谷时段的电价差，在满足用户需求的前提下，通过优化控制，充分利用蓄冰槽的溶冰供冷量，达到运行费用最省的目的。然而，自控必须满足六种工作模式的可靠正常运行，仍是最基本和最主要的。

在系统相应部位安装温度、压力（压差）、流量等测量元件及电动二通阀、电动调节阀等执行器，组成冷机房自动控制系统。主要控制功能：

① 优化控制软件根据气象条件预测全天逐时空调负荷，并经校正，优化双工况主机与蓄冰装置间的负荷分配，设定全天各时段系统运行模式及开机台数。

② 自控装置按设定模式控制制冷机、溶液泵、冷却塔、冷却泵、蓄冰槽、板换、冷冻水泵等，各类设备的顺序启停及相关阀门的开、关、调节，并检测运行状态及过载保护、故障诊断、报警等。

③ 自控装置应该够能自动检测并且显示、分析、处理、记录、存储、打印以下参数及相关图表、曲线：载冷剂在制冷机、蓄冰槽、板换等设备中的供回液温度、压力（压差）、流量、冷量等；冷冻供、回水温度、压力（压差）流量、冷量等；冷却供、回水温度、压力等，蓄冰槽内的液位及贮冰量，峰、谷、平时段各类设备的电耗值，室外干、湿球温度等。

④ 在蓄冰工况时，当达到设定的蓄冰量时，根据蓄冰槽水位，通过压差传感器，自动关机，停止制冰。

⑤ 在溶冰工况时，根据蓄冰槽出液温度，控制蓄冰槽进液管上电动调节阀和旁通阀的开度，恒定供液温度，控制溶冰速率。

⑥ 在主机和冰槽串联供冷时，根据空调负荷的变化，自动设定各时段主机供液温度，调整主机和冰槽各自承担空调负荷的比例，达到优化控制的目的。

⑦ 因一级冷冻水泵为定流量，二级冷冻水泵为变频调节、变流量系统，因此，根据冷冻供、回水温差、流量对一级冷冻水泵及对应板换和相关电动阀作台数控制，使供冷量适应空调负荷的变化。

六、"冰蓄冷"的社会效益和经济效益

改革开放以来的，随着我国社会经济的飞速增长，空调制造工业也得到长足的发展。但是空调的用电负荷，特别在夏季的空调用电负荷，在全市用电总量中的比例已是逐年提升。空调的用电负荷在白天和夜晚，开始具有明显的峰谷特征，这更加加剧了夏季白天供电的紧张。"冰蓄冷"就是将夜晚电网负荷低谷期的电力用于制冰蓄冷，在白天电网负荷高峰期溶冰放冷，供建筑物的空调用，起到了移峰填谷，拉平、调节电负荷，改善整个电网用电状况和供电质量的作用。由于蓄冷空调有这些优点，因而具有普遍推广意义。当"冰蓄冷"工程建设达到一定数量和规模时，整个地区可充分发挥现有电厂的发电效率，从而就可以少建或者缓建发电厂，进而对保护和改善城市生态环境产生积极影响。

上海科技馆"冰蓄冷"工程从一开始提出，就立即得到了上海市电力管理部门的大力支持，并给予极大的政策优惠，包括减免增容费、贴费、拉大峰谷用电差价等。科技馆工程由于采用冰蓄冷形式，与常规制冷系统相比，减少了约1/3冷冻机组等设备装机容量，因而取消了35000V伏降压站，并减小了高压变电设备容量及投资。为了充分利用"冰蓄冷"优势，采用了低温水大温差的技术及低温风空调形式，减小了管道的管径和水泵等空调设备的规格、

电耗等。经估算其初投资和经常运行费用,与常规制冷装置相比,已相差无几,可抵过由于采用冰蓄冷系统造成的设备投资增加。

上海科技馆工程"冰蓄冷"系统的运用,一方面提高了科技馆建筑本身的科技含量,另方面为上海地区进一步推广"冰蓄冷"技术积累了一定经验。

第四节 BACnet/IP 技术的应用

一、上海科技馆项目和楼宇控制系统(BAS)概况

上海科技馆楼宇自控系统,包括:空调和送排风、照明和变配电、冷热水及水泵等设施的监控管理,I/O控制总点数约为4500点(物理点)。

DDC控制和分布式网络系统的发展,突出了计算机网络技术的应用:各现场控制器与通信网络相结合构成强有力的楼宇自动化系统。但长期以来,楼控领域一直被各厂家自己开发的专有通信协议(Proprietary Communication protocol)所困扰,使得在同一系统中采用不同厂家得产品或把不同的系统集成在一起成为一件较困难的事情。这种情况既有损用户的利益,也阻碍了楼宇技术的发展。

为此,人们在系统的标准化、开放性方面作出了艰苦的努力。其中BACnet标准体系在这方面取得了较大进展。

BACnet(楼宇自动化和控制网络)是由ASHRAE(美国采暖、冷冻、空调工程师协会)组织研究开发的美国行业标准,已经在许多国家的建筑物中得到应用。几乎所有的楼控厂商,特别是有重要影响的大厂商,都表示支持BACnet,并逐步调整自己的产品以适应系统开放性的要求;这表明BACnet标准代表着楼控产品的一种发展方向。

上海科技馆项目中采用的ALC产品(由北黄公司代理),是一种"Native BACnet"系统,它是基于BACnet标准开发的,以BACnet协议为母语的楼控产品。

二、系统集成方案

上海科技馆的系统集成涉及诸多子系统与设备,其中与火灾自动报警系统、门禁巡更系统、冰蓄冷控制系统,采用Portal接口联网,与空调冷冻机组及二次泵系统采用BACnet接口联网,与电力管理系统采用NetDDE接口联网,与锅炉控制系统、给排水系统、电梯控制系统则采用干接点方式联网。

BACnet/ALC产品采用Portal(基于微处理器的通讯装置),在多个工业标准或非工业标准的通讯协议之间提供无缝通讯,支持很多流行的网络配置,包括EIA-232、EIA-485、LonTalk、ARCNET、Ethernet等。

Portal提供了三个通讯端口,其中两个端口可以配置成不同的协议,第三个端口用于与ALC公司的系统通讯。转换口A可由跳线选成EIA-232或EIA-485(2至4线),转换口B为9针D型EIA-232通讯连接器,波特率由软件设定。

一个控制系统的各个组成部分具有不同的功能,这些功能的复杂程度不同,并不需要所

有设备都具有BACnet规定的全部功能。BACnet标准为此规定了六个级别。为了帮助客户和工程人员确定不同BACnet产品之间的互操作性，控制厂商需要建立一个针对某一设备的BACnet协议符合等级的说明PICS（Protocol Implementation Conformance Statement）。上海科技城所采用的ALC产品的标准符合等级为3级。

三、BACnet/IP的最新发展和WebCTRL的应用

BACnet是一种建筑物自控网络（Building-wide network）协议，并已经成功运用于建筑群的网络联结（campus-wide internetworks）。随着物业管理公司兼并与连锁运营趋势的加剧，BAS之间跨区域乃至跨国界的互联渐趋迫切。若想利用现有的Internet广域网来实现BAS网络互联，目前可以采用两种办法：一种是"隧道技术"（tunneling，描述于BACnet标准的附件H中，Annex H.3，于1995年和原标准一起发表），另一种是BACnet/IP技术（描述于BACnet标准的附件J中，Annex J.1，于1999年发表）。

使用"隧道技术"，需要在BACnet网络和Internet网络之间利用一种叫做Internet/IP PAD的装置（BACnet / Internet-Protocol Packet – Assembler-Disassembler，它不一定是一个单一的装置，也可以是控制器等的一部分）。PAD的功能类似于一种特殊的路由器，可将要发送的Internet信息裹上IP的包装并标明地址，以便通过Internet网络，或将接收到的BACnet信息去掉IP包装并送至目的装置。

BACnet/IP技术是BACnet协议的新扩展，它比PAD装置更有效，它可以允许设备在IP网络的任一点进入系统，它支持使用IP语言的BACnet装置（比如单元控制器采用IP结构而非BACnet结构收发信息，有效的把IP广域网当做BACnet的局域网来用）。

在2000年2月由ASHRAE举办的展览会上，美国ALC，ALERTON等公司展出了BACnet/IP产品，这也许可以代表BACnet标准与Internet技术和应用相结合的技术发展新趋势，这一趋势受到了业届人士的广泛重视。

上海科技馆采用了ALC公司的新产品WebCTRL。

WebCTRL的突出特点是：① 它支持一系列常用的标准和非标准协议，如BACnet，LonWorks，MODBUS，SMNP，RMI/CORBA等；② 只要支持Web标准，包括Internet Explorer 5.0或Netscape Navigator 5.0，即可成为全功能操作界面（包括时间表，趋势分析，下载等实时操作）；③ 以JAVA为基础，可运用于不同的硬件和不同的操作系统：Windows98，Windows2000，Sun Microsystems Solaris，Linux，Apple Power Mac等。数据库可以是IBM DB2，Oracle，Sybase，Microsoft SQL ServerAccess等；④ 使用RMI/CORBA界面（用于不同计算机系统信息传输的开放标准），同时支持Microsoft的OLE/OPC标准，以便于和其他信息系统（如能量分析系统需要瞬时和历史资料）共享信息。

四、BACnet/IP的应用前景

楼宇自控领域正在摆脱专有协议的束缚，向着标准化、开放化、可操作的方向发展，并随着计算机技术和网络技术的迅速发展，楼宇自控领域正经历着一场深刻的变革。这种变革

也必然会对旧的市场模式乃至物业管理模式带来重要影响。从技术角度看，BACnet标准顺应历史潮流的需要，既制定了可以作为共同语言的协议标准，又保留了各生产厂家发挥独创精神的余地，且标准的制定不以赢利为目的，因而取得了令人瞩目得发展；从市场角度看，物业管理公司之间跨区域、跨国界的兼并与连锁，导致了市场对BAS城域化、广域化的要求，而BACnet标准（尤其是BACnet/IP标准）正好迎合了这样的市场需求，从而使得BACnet技术的发展与运用得到了市场的强劲支持。由此看来，BACnet技术，尤其是其衍生出来的BACnet/IP等技术，必将深刻影响以BAS产品开发、系统应用设计以及运行管理的各个领域。

五、计算机系统

上海科技馆第一期工程的总信息点数虽然仅仅3000多个，但是，场馆跨度较大是上海科技馆的一个特点。因此，综合布线系统的主干部分全部采用单模或者多模光纤，总铺设长度超过60km；综合布线系统的水平部分由多模光纤和六类双绞线构成，第一期工程总铺设长度已经达到300km。

上海科技馆内部的计算机网络系统是主干为千兆位、千兆或者百兆到桌面的以太数据网。由两台Accelar 8610路由交换机作为主交换机各分布于1号楼和2号楼的计算机机房，再有一批Accelar 1150路由交换机和BayStack 450交换机组成计算机网络系统的二级网络设备。上海科技馆有两路出口连接Internet，一路是通过上海电信的一台总带宽为155兆的Passport接入Internet，另一路是通过网通的光纤接入Internet。

上海科技馆的计算机主机系统由四台IBM的H80构成，总运算能力达到60000TPMC值。目前，已经有上海科技馆的票务系统、多媒体数据库、内部的办公系统等再计算机主机系统上运行。

2001年的APEC会议在上海科技馆的成功举办，充分证明了上海科技馆的综合布线系统、计算机网络系统和计算机主机系统不仅能够适合上海科技馆相当一段时期的发展需要，并且，也完全具备了承办大型国际会议的能力。

后记

上海科技馆建筑已经成为上海的主要标志性建筑之一。其独特的建筑造型、丰富变化的空间组合，加上特殊的地理位置给结构设计与施工带来一系列重大关键技术问题。经过广大科研人员与现场工程技术人员共同的不懈努力，终于攻克一道道难关，将建筑师的设计思想忠实地变成现实。本书重点介绍了工程建设期间对新技术、新工艺的研究成果与应用实践，以期对后继类似工程的建设有一定参考和借鉴作用。

本书的编辑出版经过了较长时间的酝酿。早在2000年工程建设期间，上海科技馆建设指挥部就提出了初步的想法，之后经过多方的努力与合作，最初的想法终于得以实现。可以说，本书的编辑出版是众多参与单位和个人共同努力的结果，编者在此对参于本书编写工作的美国RTKL国际有限公司、上海建工（集团）总公司、上海建筑设计研究院、上海交通大学等单位及其有关个人表示衷心的感谢。

上海科技馆的建设取得了多项骄人的荣誉：2001年度上海市政府"1号工程"；2001年APEC会议主会场；"2002年度国家优质工程奖——鲁班奖"；上海科技馆重大工程研究与建设获得"2001年度上海市科技进步一等奖"，"2002年度国家科技进步二等奖"。本书的内容远远不能涵盖建设过程的全部，即使在所介绍的有限内容中，由于编者的水平或者其他的局限，不当甚至谬误之处在所难免，敬请读者指正。

ISBN 7-5617-1541-2
G·687
定价：13.00元

沪上名校名师编写
根据2001年新教材新考纲全新编写
英语增加听力内容并优惠配套磁带
每道题均经过三遍验算质量有保证
能享受到真诚的售后服务

——买教辅，还是华东师大版的好！

华东师范大学出版社

八年级数学

一课一练

华东师大版